李铭泽　苏全新 ◎ 著

吉林科学技术出版社

图书在版编目（CIP）数据

美肤拍档 / 李铭泽，苏全新著．-- 长春 ：吉林科学技术出版社，2016.1
ISBN 978-7-5384-9867-7

Ⅰ．①美… Ⅱ．①李… ②苏… Ⅲ．①皮肤－护理－基本知识 Ⅳ．①TS974.1

中国版本图书馆CIP数据核字（2015）第233441号

广告经营许可证号 2200004000048

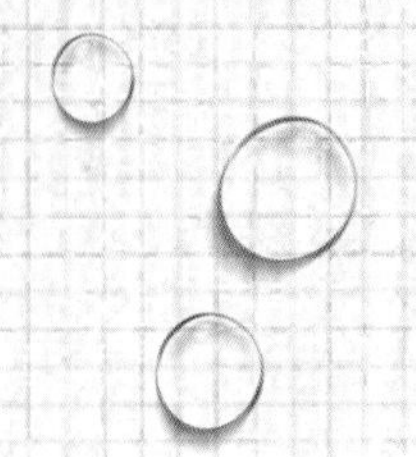

美肤拍档
Beauty Partner

著　　李铭泽　苏全新
出版人　李　梁
选题策划　宛　霞
责任编辑　冯　越
封面设计　长春市一行平面设计有限公司
制　　版　长春市一行平面设计有限公司
技术插图　梁广新　武　星　武贺年　段立欣　王　爽　白　燕　闫立辉
摄　　影　蒿宥言Studio Yeah
模　　特　张梦露
造　　型　陈　晨
公　　关　张瑞琪YUKI
开　　本　710mm×1000mm　1/16
字　　数　240千字
印　　张　11
印　　数　1-10000册
版　　次　2016年1月第1版
印　　次　2016年1月第1次印刷

出　　版　吉林科学技术出版社
发　　行　吉林科学技术出版社
地　　址　长春市人民大街4646号
邮　　编　130021
发行部电话/传真　0431-85635177　85651759　85651628　85652585　85635176
储运部电话　0431-86059116
编辑部电话　0431-85659498
网　　址　www.jlstp.net
印　　刷　吉林省吉广国际广告股份有限公司

书　　号　ISBN 978-7-5384-9867-7
定　　价　35.00元

如有印装质量问题　可寄出版社调换

作者序

ZUOZHE XU

想要变得更美几乎是所有人的共同愿望，但是这个听上去似乎很简单的美丽诉求，其实并没有那么简单。因为在实际生活中，每个人的肌肤质地、生活习惯、生活的环境与气候不尽相同，从而造成了诸多的肌肤问题。虽然这些问题从表面上看起来都很类似，但是正确的解决之道应该是根据每一种问题的成因，用不同的方法来对症下药，这样才能真正达到变美的心愿。

我平时工作繁忙，对很多网友提出的美肤问题有些爱莫能助。因为我没有办法在有限的时间内去了解每一个人的肌肤问题所产生的真正原因，更不能随便、笼统地教授解决方法，这是很不负责的做法。其实无论是在一些美妆节目还是网络上，都能看到很多关于肌肤问题的解决方案，但是在我看来，大多数所谓的解决方案都是片面之谈，无法从根本上满足每个人的需求。所以，我一直有一个愿望，希望能从一个系统的、全方位的角度，让大家认识到自己产生问题肌肤的原因，并且有针对性地提供解决方法，让你们能够在家里当自己的美容师，自己帮助自己变美。

另外，提醒大家注意，如今网络上流传的许多错误的美容方法，导致了很多人肌肤问题的反复，并且还出现了新的问题。所以我们更应该科学、系统地从肌肤的根本诉求出发，找到正确、合适的方法去解决每个人的肌肤问题，教大家学会辨别到底哪些方法才是真正有效的，而哪些方法完全是无稽之谈。这才是我工作的职责。

我和苏大夫一起出版这本书的目的是希望它能够变成一本爱美人士的工具手册，从根本上调理肌肤，解决所有关于变美的问题。

当然，我们的最终愿望是让爱美的你，永远美下去。

作者序 ZUOZHE XU

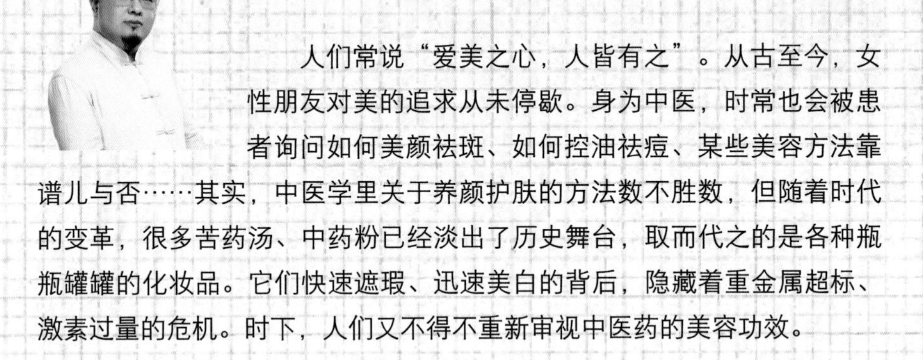

人们常说“爱美之心，人皆有之”。从古至今，女性朋友对美的追求从未停歇。身为中医，时常也会被患者询问如何美颜祛斑、如何控油祛痘、某些美容方法靠谱儿与否……其实，中医学里关于养颜护肤的方法数不胜数，但随着时代的变革，很多苦药汤、中药粉已经淡出了历史舞台，取而代之的是各种瓶瓶罐罐的化妆品。它们快速遮瑕、迅速美白的背后，隐藏着重金属超标、激素过量的危机。时下，人们又不得不重新审视中医药的美容功效。

中医认为“有诸内者，必形诸外”。女性气血充盈、经络通调，自然身心康泰、神采奕奕、容颜姣好。通过药膳调理、穴位按摩可以强化脏腑功能、祛除代谢废物、改善肤质，从而达到美容抗衰老的目的。例如书中“玫瑰凌霄茶”是我为某位知名模特调配的美白祛斑饮品，出自元代《御药院方》。玫瑰花疏肝理气，凌霄花凉血消斑，不仅能淡化脸上的色斑，还能缓解乳腺增生的问题。这样的例子还有很多，如今借助中医药养生美容、延缓衰老已经蔚然成风。

铭泽，当今美妆界之翘楚，亦是我的多年好友。因缘际会，我二人将最时尚前沿的美妆理念与原汁原味的中医方法融合，写就《美肤拍档》一书，可谓中西合璧、标本兼治。以期爱美的你能够自内而外焕发不一样的美丽。

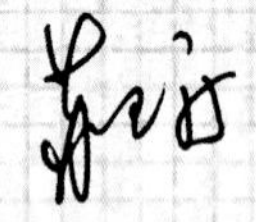

中医大师推荐 ZHONGYI DASHI TUIJIAN

美，不仅是相貌端庄、姿态婀娜，也是身心健康的外在体现。因此，爱美也是追求健康之美。《美肤拍档》一书中介绍的方法安全可靠，运用得当可起到调节脏腑功能、平衡阴阳、舒活气血的作用，对渴望自然、健康、平和之美的女性大有裨益。

彭建中
北京中医药大学教授，博士生导师，主任医师，国家级名老中医

苏全新医生这本《美肤拍档》，富有新意又不失严谨厚重。花草入馔，果蔬飘香，本草精粹都被赋予全新的力量；内调外养，茶饮膏方，尽是耳目一新的美容主张；经络补泻，古今验方，养颜护肤是为良方！相信爱美人士的诸多诉求都可以在此书中得到满足。

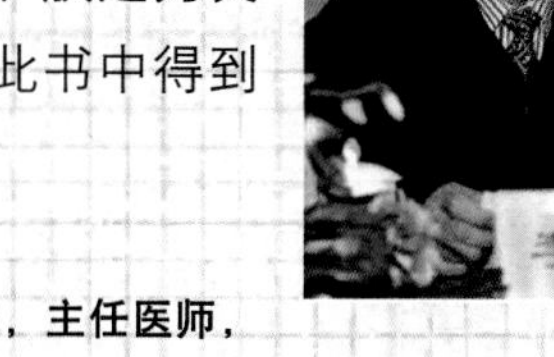

李曰庆
北京中医药大学东直门医院首席教授，博士生导师，主任医师，国家级名老中医

正安中医创始人推荐 ZHENGAN ZHONGYI CHUANGSHIREN TUIJIAN

效果才是硬道理。

梁冬

黄雅莉

我一直称呼铭泽“奶爸”。和“奶爸”认识十年啦，“奶爸”无论从生活、形象、保养各个方面都照顾着我，从最开始做经纪人的时候就喜欢对我的造型“指指点点”，没想到没过多久他就真的跑到米兰去学彩妆啦！回国后没几年发展得还不错，又上节目又开个人工作室，还要出书了。对啦，说到这本书，雅莉友情推荐“奶爸”处女作，谁还不了解这本书，赶紧关注起来哈。

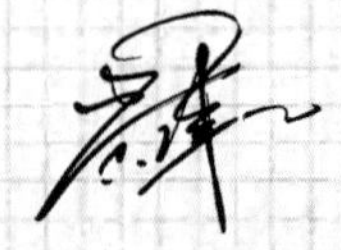

井柏然

一直都开玩笑说自己是实力偶像派，哈哈，所以对于“面子”的保养还是比较注重的。作为艺人，工作不规律、压力大，难免会有一些肌肤问题需要解决，好在我身边有像铭泽这样的专业人士给我意见。这次铭泽把肌肤保养知识分享给大家，祝愿他新书大卖的同时，也希望大家都能够美起来，每个人都可以是闪耀的明星。

李小冉

和铭泽认识好几年，还是第一次被他采访我的美丽秘籍是什么，我觉得一个女人美不美丽取决于有没有找到最适合自己的保养方法，例如我肌肤本身比较白，也容易敏感，所以防晒保护对我来说就很重要。但每个女人的肌肤状况都不一样，如何找到适合自己又正确的护肤方法就要问专业人士了，相信铭泽这本书能让爱美的人都美起来。

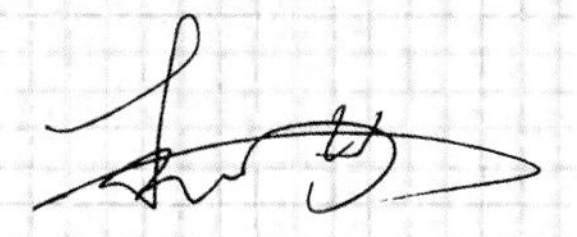

林心如

有人说女人一辈子的事业就是经营自己，如何使自己更加优雅美丽，内外兼具呢？如果你不是天生丽质，那么从现在开始注意自己的肌肤问题吧，好的肤质才是拥有美丽的开始哦！

佘少群

在做演员之前，自己平时很少注意肌肤保养这方面的事情，觉得脸只要洗干净就可以了，但后来从事演艺事业才发现，日常的护肤是多么重要，尤其是拍古装戏，又要戴头套，又要涂抹厚厚的粉底，再加上熬夜拍戏、休息不好，对肌肤的影响很大，常常会过敏，但剧组的工作又不能停，所以好的肌肤状态实在太重要了！现在我家里也有了一些铭泽推荐的保养品。其实无论做什么工作，不同年龄阶段的男生和女生都要注意保养肌肤，这方面我有不懂的地方都是去问铭泽老师的。

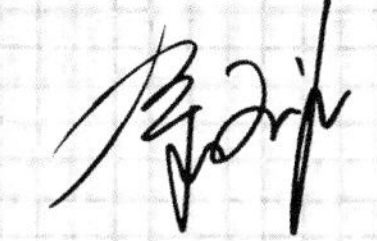

以姓氏音序排列

Part 1

直击肌肤的“七宗罪”

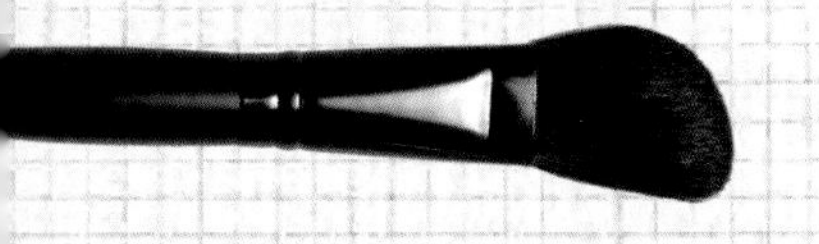

Part 2

精致五官的重塑改造

Part 3

完美肌肤的UP修炼宝典

Part 1

直击肌肤的“七宗罪”

我们将七大常见的肌肤问题给予更为细致的划分，
并且通过外养与内调的双重方式，
让每一种细分的肌肤问题都得到最为适合、
贴心的解决方案。

step 1
肌肤第一宗罪“沙漠肌”
——我不要做干妹妹

罪证等级

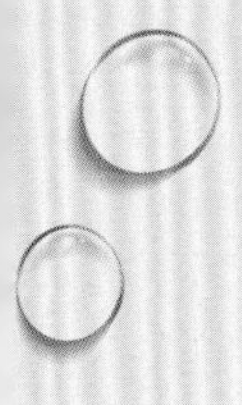

水润是保证肌肤健康的前提，如果缺水的话就会出现一系列的肌肤问题，好像一望无际的沙漠，干燥、黯淡、了无生气。

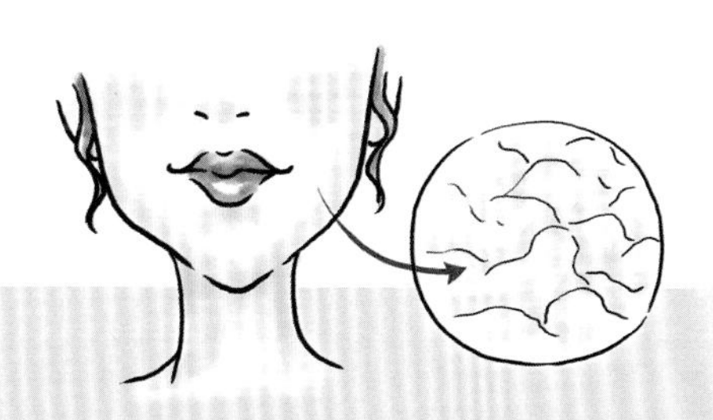

先来检验一下你的肌肤处于哪种缺水程度吧

洗脸时先不要用洁面产品，仅仅用清水来清洁你的面部，用毛巾吸干水分。在春夏季节，如果10分钟内肌肤感到有紧绷感，或者秋冬季节5分钟内感到有紧绷感，那么说明你的肌肤处于轻微缺水状态。

当你睡醒后发现脸颊两侧出现了被压的枕被痕迹，20分钟后如果痕迹依然存在，那么说明你的肌肤处于相对缺水的状态。

当你护肤过后做表情时依然有明显的紧绷感，尤其是上妆之后一段时间里出现明显的表情纹理，这就说明肌肤处于明显的缺水状态了。

这是缺水最严重的等级，面部肌肤出现了脱皮、干痒的现象，说明你要抓紧补水了，保湿功课快点做起来吧！

★ 护肤新招数

缺水的肌肤要借助美容产品和工具，让角质层充满水分，从而满足肌底的营养需求。

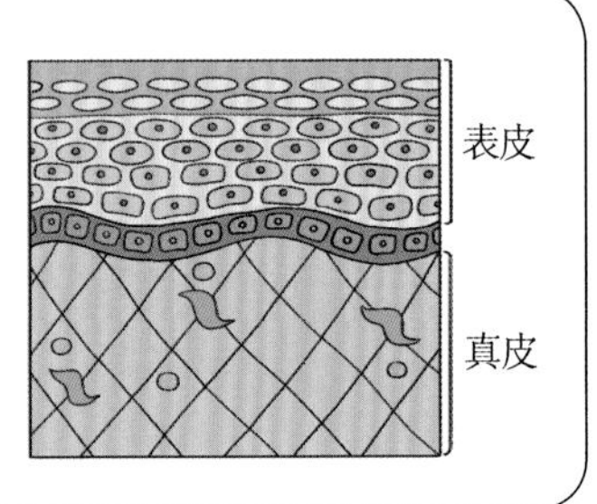

招数一 补水面膜

敷面膜是最快、最简单的补水方法，每个女生都可以尝试，贴片式面膜使用起来最方便。

产品推荐：

FANCL乳酪水润面膜

LA MER保湿修护面膜

招数二 补水仪器

使用仪器永远比徒手按摩要有效得多，它使营养成分更加深入，你既可以使用帮助肌肤吸收的仪器，也可以选择本身就具有补水效果的仪器。

飞利浦超音波美肤滋养仪

塔莉卡多效光魅美肤仪

罪证搜罗

★ 寻找肤色黯淡的凶手

凶手关键词——新陈代谢

通常，肤色会随着年龄的增长而变得越来越黯淡，因为新陈代谢变慢，肌肤吸收水分的能力也会大大降低。我们的城市生活已经离不开交通工具了，如果没有运动健身习惯，常常在电脑前久坐，让汽车代替步行，那么身体就好像睡莲漂浮下的湖水，死气沉沉，所以即使你用再多贵妇级的补水产品，花重金消费在美容院，脸色也依然黯淡，丝毫没有惊艳的效果。

★ 护肤新招数

每天我们都会有早晚两次护肤时间，在这个时间如果额外做一些简单的小动作，加速面部的循环，促进新陈代谢，护肤效果就能大大提升。

招数一 拍打保养法

洁面后，用化妆棉蘸取充足的化妆水轻压在面部，让肌肤充分吸收营养，然后双手手心朝脸颊的方向，以2次/秒的频率拍打肌肤，大概30秒后，面部感到微热感停止即可。通过这种拍打的方式来刺激肌肤底层的细胞，微热的肌肤状态下能够更加彻底地吸收营养，也为后续精华和面霜的吸收打下良好的基础。

产品推荐：
SK-II护肤精华露

招数二 按摩循环法

护肤时利用手指来带领面部淋巴走向，简单的几个动作就有加速面部循环的效果哦！

按摩步骤	
step 1	将双手手掌底部放在下颌处，略微用力带起面部肌肤往耳朵方向推，疏通两颊淋巴结。重复3次
step 2	双手食指、中指、无名指，从额头中央向太阳穴推。重复3次
step 3	从鼻翼两侧稍稍用力往两颊延伸，再顺着脸部与脖子的交界线往下延续到锁骨，将脸部毒素导到锁骨处的淋巴排出。重复3次
step 4	两手并拢用力搓热掌心，然后包覆整个脸部，让掌心的温度传到脸上，促进按摩后的血液循环

做淋巴按摩前，一定要先在脸上涂抹按摩膏或按摩油，以防过度摩擦对肌肤造成损伤。按摩之后，用面巾纸轻轻按压拭去多余的按摩油，再正常使用护肤品。由于按摩增强了脸部肌肤的血液循环，使毛孔轻微张开，更容易吸收护肤品里的有效成分。

★ 水的最佳饮用方法

喝水当然也是一种很好的补水方法，但是绝对不是随意喝瓶装水那么简单哦！过分摄取水分只会加重身体的负担，通过尿液排出体外，而没有起到补水的效果，连续不间断地小口喝水比一次性补水更加科学。

★ 电脑族必备补水法宝

常常在电脑前工作的白领们，可以在办公桌前准备一瓶补水喷雾。

补水喷雾的正确使用方法很重要，先用面巾纸轻压面部，清除多余油脂，再距离面部15～20厘米对面部喷洒，让其呈雾状轻敷于全脸，这样既不会破坏妆容，也能缓解面部的干燥感。补妆后用这个方法滋润肌肤，还能提高妆容的伏贴度和通透效果。

产品推荐：理肤泉舒缓调理喷雾

欧缇丽葡萄水活性喷雾

★塑封肌肤怎样更好补水

凶手关键词——都市压力

随着年龄的增长，自身的免疫系统越来越弱，当然受影响的不仅仅只是身体，肌肤也会随着时间流逝渐渐失去活力，肌肤不再像年轻时那么红润有光泽。从另一方面来说，人体新陈代谢的缓慢以及都市中的空气污染、电脑辐射、工作压力等原因都会使得肌肤出现各种各样的问题，老废角质也会随着时间的流逝越来越厚，那时候无论涂抹多么昂贵的护肤品也无济于事。

★ 妙招——强健肌底及抗糖化护理

想让肌肤变好不是一个难以实现的梦想，首先要学会了解自己，分析肌肤问题产生的原因。其次坚持每天运动和保持一个良好的健康饮食习惯都可以帮助肌肤保持年轻！最关键的一点是要改善肤质，强健肌底，让肌肤屏障健康运作，从根本上为塑封肌肤“解封”。肌肤缺水、糖化也是都市压力肌的元凶，糖化会令肌肤胶原纤维弹性下降、肌肤松弛、肤质粗糙、肤色黯淡，因此要做好抗糖化护理，配合为肌肤深层补水，让肌肤能够更好地吸收营养成分，如此坚持一段时间后会发现肌肤变得跟以前一样水润有弹性。

产品推荐：

HR赫莲娜绿宝瓶精华

HR赫莲娜极致之美面霜

推荐理由：

深受都市压力残害的塑封肌肤，依靠肌肤表层的补水是不够的，而要从肌肤根源深入。

HR赫莲娜绿宝瓶精华

此款精华就是特别针对都市压力肌问题而设计，从肌肤防御的角度帮助智能建立起肌肤天然屏障；同时针对肌肤功能上又能促进细胞新陈代谢，清除自由基达到抗氧化的效果，保持新生肌肤的好状态。添加高蓄能植物原生细胞，强健肌底，增加肌肤抵抗力。即使处于最为严峻紧张的环境压力之下，肌肤依旧保持好状态。

HR赫莲娜极致之美面霜

这款面霜不仅作用于肌肤表层，其含有的5种非凡植物精粹利用分子生物科技结构重组，更能快速渗透，针对5大肌肤层面直达真皮层从而改善肌肤功能，高效植物活性能量以分子形式释放青春能量。彻底对抗美拉德糖化，进而加强肌肤抵御老化机制及促进自我修复的能力。独特的“霜淇淋”质地，轻盈、绵密，在润泽肌肤的同时，不会在肌肤表面形成负担性的黏腻感。

搭配按摩手法，让产品功效最大限度发挥：每天清晨清洁调理面部及颈部肌肤后，取适量产品于指尖揉开，均匀涂抹于面部及颈部肌肤。然后，请按以下程序进行按摩：

1．面部按摩：双手手掌互相摩擦加热后，自面部中心处开始，向双耳靠拢轻轻平移按摩。

2．轻弹式按摩：以指腹如弹击琴键般轻弹额头、两颊、下颌等处肌肤。

3．颈部按摩：由下颌以下的颈部开始，按摩至耳垂及锁骨。

中医说

中医认为，要想肌肤水润不仅要靠外界补充，内调气血、滋阴润燥同样关键。面部是人体气血津液汇聚的地方，只有气血通畅、充盈才能让肌肤水嫩富有弹性。下面介绍自外而内、从补水到锁水的全方位中医润肤方法。

★ 健脾补水

脾为后天之本，气血生化之源。脾胃功能正常，气血旺盛，人体才能有充足的水分，肌肤才有可能得到濡润。脾胃功能失常，津液生化不足，肌肤得不到滋养自然会变得干枯萎黄。所以补水不忘先健脾，只有脾气运健，才能有充足的津液随阳气散布，为滋润肌肤打下良好的基础。

秘制药膳

淮山药粥

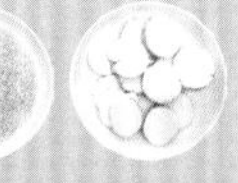

材料：鲜淮山药50克（干品30克），大米50克，蜂蜜、白糖、桂花少许。

做法：取鲜淮山药去皮，切碎，与大米同煮至熟烂。可依个人口味调入蜂蜜、白糖、桂花等，每周食用2～3次即可。

功效：淮山药是健脾补水的佳品，金元四大名医李杲说过："治肌肤干燥以此物润之。"李时珍也曾写道："山药能润皮毛。"足以看出，淮山药有很好的滋养肌肤、美容养颜的效果。

★ 补肾锁水

肾主水，水液通过肾中阳气的蒸腾汽化作用布散全身，以维持体内的正常水液量。因此，补水除了直接补充水分，更为重要的是强化肾的汽化功能，将水液源源不断输布于肌肤，这样才能留住水分。否则，肌肤补水补得再多，也会很快流失。

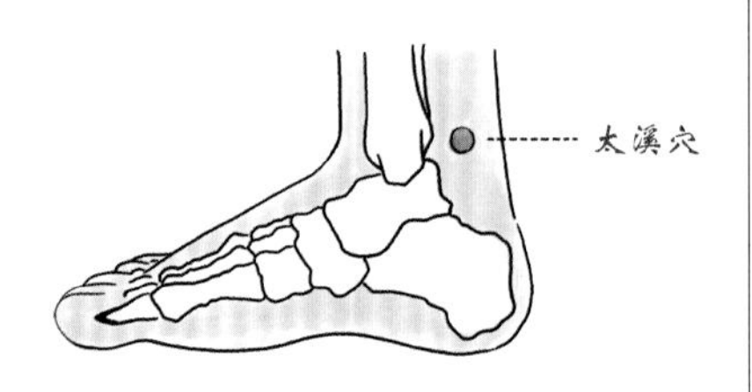

按摩太溪穴：太溪穴是肾经的重要穴位，它在足内侧，跟腱与内踝尖之间的凹陷处。按压或艾灸都可以，每侧5分钟，长期坚持自然肾气充足，肌肤红润水嫩。

★毛孔粗大的终极解决方案

凶手关键词——毛孔堵塞、角质堆积、化妆品残留、肌肤老化

★ 毛孔堵塞

这种情况多发生在油性和混合性肌肤人群中，油脂分泌过多导致毛囊的排泄通道被堵塞，来不及排出去的油脂便硬生生将毛孔撑大了。

妙招

对于油脂堵塞型的毛孔粗大，首先要做的就是疏通毛孔。定期使用清洁面膜（配合热蒸汽蒸脸），帮助油脂顺利代谢，只有毛孔畅通了，才能根治由于油脂分泌过多导致的毛孔堵塞。另外，含有水杨酸成分的产品能够溶解肌肤表面的多余皮脂，让毛孔变得干净。需要注意的是，有的人因为出油过多，企图通过清洁的方式来洗去油脂。实际上，采取强力清洁的方法洗去的只是角质细胞间的脂质，非但起不到根本作用，还会对角质层造成损害，降低角质层的蓄水能力。久而久之，就会形成“内油外干”的肌肤。

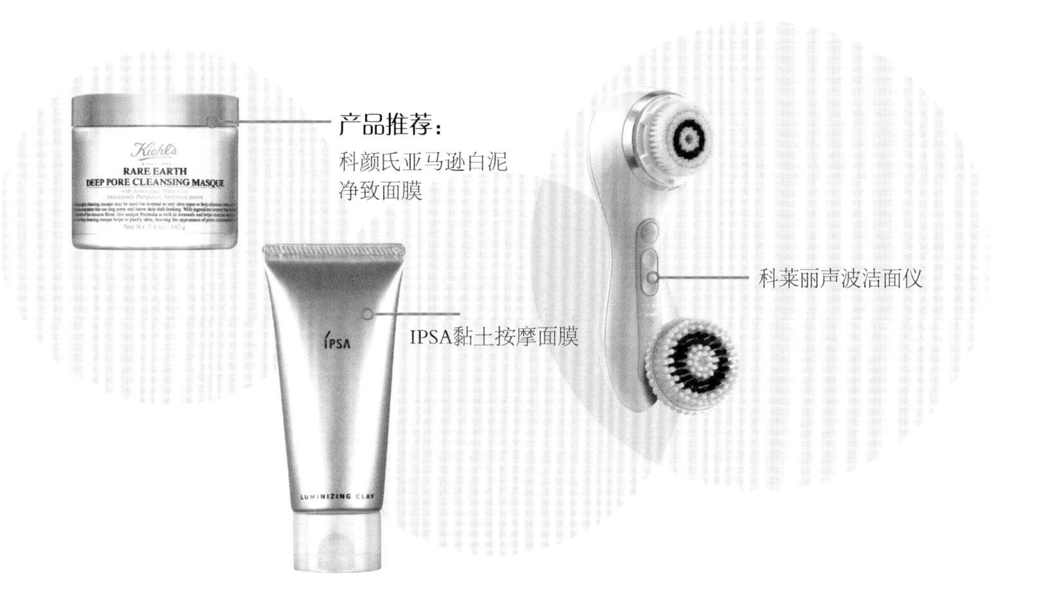

产品推荐：
科颜氏亚马逊白泥净致面膜
IPSA黏土按摩面膜
科莱丽声波洁面仪

★ 角质堆积、化妆品残留

这两种情况都是因为清洁不当而造成的，当过多的老废角质堆积在肌肤表面，让毛孔无法自由呼吸，新陈代谢产生的废物毒素出不来，毛孔就会慢慢变大。而化妆之后没有能够彻底清洁肌肤，化妆品残留在肌肤表面，其中的硅酮、黏合剂等成分也是让毛孔堵塞的重大元凶。

妙招

合理去角质是肌肤保养的必备功课。去角质又分为物理去角质及化学去角质，物理去角质主要靠磨砂颗粒起到摩擦去角质的作用，能够充分带走脸上的老废角质。揉搓的动作不可太大，以免产生摩擦破损，使用物理去角质的频率控制在一周一次为宜。化学去角质则主要是靠果酸、酶等成分溶解角质，它的好处是渗透性强，能够充分作用到毛孔里发生堵塞的区域，但是对一些肌肤不耐受、敏感的肌肤人群而言，这种方式值得考量，一定要在少量的尝试过后，没有发生过敏反应才能使用。另外，使用卸妆产品时，一定要按摩到使脸上的彩妆彻底溶解，充分乳化后，再用洁面产品洗干净。

产品推荐：

倩碧温和洁肤水2号

HR赫莲娜黑金焕颜磨砂乳

★ 肌肤老化

随着年龄的增长，肌肤的皮下组织变得松弛、缺乏弹性，无法顺利支撑起肌肤，于是毛孔周围的肌肤呈现出凹陷状态，毛孔也因此拉伸扩张。

妙招

无论你有没有出现因肌肤老化而产生的毛孔，25岁之后抗老保养都应当作为肌肤护理的重点了。对于老化型毛孔，除了将修复、抗老的保养品纳入日常护肤步骤外，还可以选择含有EGF、FGF等表皮生长因子成分的产品，促进肌肤细胞生长，使肌肤恢复饱满、紧致，凹陷的毛孔自然能够缩小。

产品推荐：
海蓝之谜提升塑颜精华露

希思黎玫瑰焕彩紧致面膜

毛孔粗大、爱出油，这些问题在中医学看来是肺热、大肠壅滞的表现。试一试具有清肺、润肠、养颜作用的牛蒡胡麻粥。

牛蒡子10克（药店有售），胡麻仁15克，大米50克。先将胡麻仁炒香备用，然后牛蒡子水煎取汁，随后放入大米文火熬粥，待熟烂时调入胡麻仁，再文火炖10分钟即可出锅，每日1碗，连续服用3~5天。

胡麻仁

虽然肺和大肠一上一下，但它们能相互感应到彼此的不适。按中医整体观的说法，这就是互为表里的关系。《黄帝内经》里说大肠为“传导之官”，说白了就是排出人体糟粕的管道，如果出现便秘，管道被堵了，糟粕就会形成积热并循经上传给娇弱的肺脏，肺代大肠分担疾病的痛苦，进而出现痰多咳嗽、咽喉肿痛、痤疮等火热症状。所以，治疗上应“擒贼先擒王”，主攻便秘，大肠一通，肺热自去。

明白了这个道理，我们再来看看这款粥。要解决肌肤问题，当然所选用的药物要有润肤养颜的作用，牛蒡子和胡麻仁是果实类的药物，饱含油脂，就有润肤养颜的功效。

牛蒡子是牛蒡的成熟果实，别小看了这一颗颗小果仁，这可是药食两用的食物，更有“蔬菜之王”之称。牛蒡子在秋季果实成熟时采收，作为药用，它味辛，性苦、寒，有疏散风热、解毒消肿之功。之所以能够治疗面部粉刺、大便秘结，正是因为它味辛性苦，这样的性质能够散结通便，面部的粉刺、痤疮都属于因为气或血或痰或火瘀滞所形成的结块，散结就是把这些都滞散掉。

再说说胡麻仁，胡麻仁是胡麻的成熟种子，作为药用，它味甘、性平，能润燥滑肠，对津枯血燥引起的大便秘结有良效。牛蒡子和胡麻仁配伍，既治标又治本，而且借助米粥入腹，能促使身体排出毒素。

但需要注意的是，牛蒡子和胡麻仁都具有滑肠通便的作用，所以便溏者慎服。

中医说

★拯救日晒后的脱皮脸，就趁现在

凶手关键词：紫外线损伤

阳光中的紫外线直射在肌肤上，时间一长会导致肌肤内多种细胞产生炎症，真皮层内血管扩张，伴随烧灼的刺痛感，这是肌肤被晒伤的反应。肌肤一旦晒伤，很快就会发生脱皮的现象。

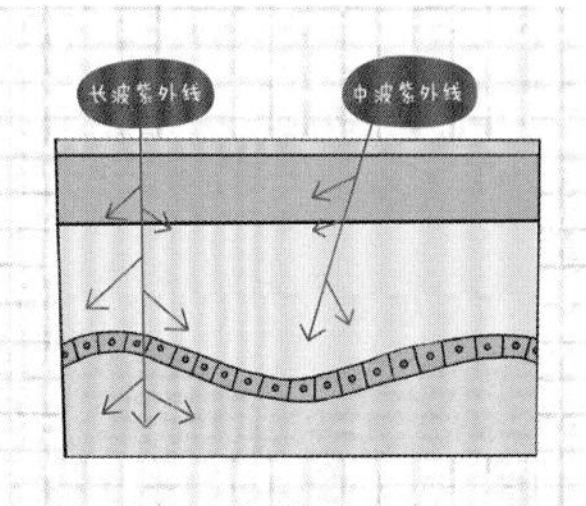

解决方案

肌肤经过暴晒后，第一件事就是要让肌肤的温度降下来，选择含有舒缓成分的喷雾或化妆水湿敷，还可以涂抹冰镇后的天然芦荟胶，都能帮助肌肤及时镇静。然后可以选择成分简单、温和的补水面膜，为肌肤补充水分，缓解炎症反应。对于已经脱皮的肌肤，先让它得到充分的镇静后，使用含有NMF（天然保湿因子）、神经酰胺、角鲨烯等成分的保养品来修复被紫外线肆虐过的皮脂膜，为肌肤重建一道坚固的防护、保湿屏障。

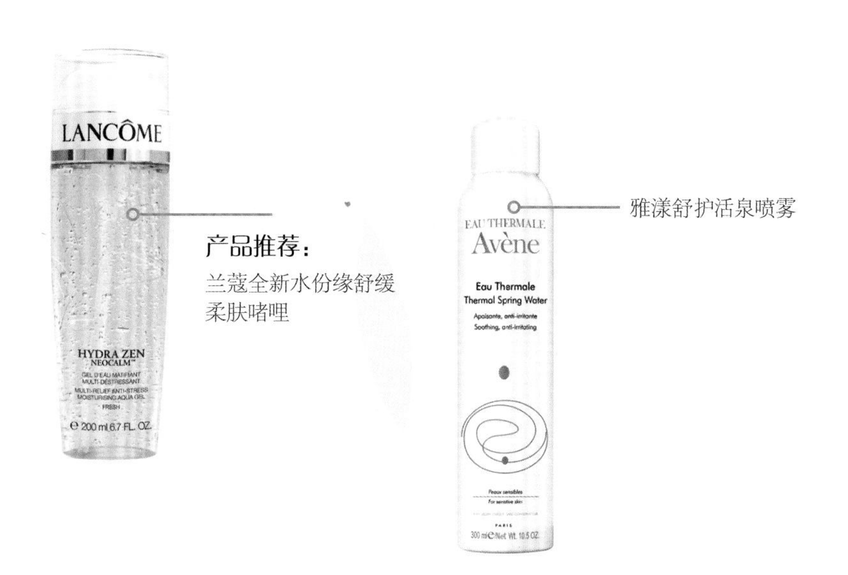

产品推荐：

兰蔻全新水份缘舒缓柔肤啫哩

雅漾舒护活泉喷雾

土豆牛奶治晒伤

将1个生土豆洗净、去皮，放进搅拌机中粉碎后倒入干净的碗里，再倒入50毫升的鲜牛奶，制成糊状，作为面膜敷在脸上，10分钟后洗净。生土豆具有解毒、抗氧化的功效，其中所富含的维生素B_2可以促进肌肤的新陈代谢，保护肌肤和黏膜的完整性。牛奶润肤滋阴，含有的维生素A可以防止肌肤干燥和老化，使肌肤具有光泽。两者配合不仅可以美白嫩肤、防治脱皮，而且可以减轻晒斑。

丝瓜汁治晒伤

中医认为，晒伤是由于热毒外侵，伤及血分引起，治疗需要清热解毒凉血。丝瓜性凉味甘，《本草纲目》中记载“其有凉血解热毒，活血脉，通经络等妙用”。取丝瓜一条，带皮绞汁涂擦患处即可，一日多次。

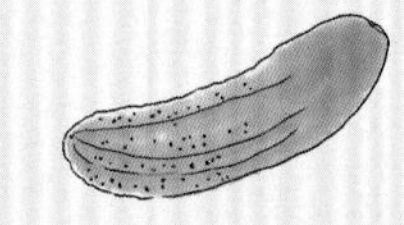

伪警察榜单

那些打着补水旗号的护肤方法，其实很多是非常错误的护肤误区，却因为网络谣言或者一些误导被你一直奉为保养真谛，是时候让这些伪警察们现身了，看看你都犯过哪些错误？

★ 保养品涂得越厚效果越好

很多人认为肌肤干燥就应该多涂抹一些保湿的产品，可你们知道吗，其实这是一种概念性的错误保养理念。很多人为了能够即刻令肌肤变得水润，不惜在脸上涂抹几层厚厚的保养品，但没过几天后会发现面部的肌肤问题比原来更为严重。在不确定产品使用是否得当的情况下，还是建议大家尽量避免涂抹过多的保养品，尤其是油分含量过高的产品，保养品的保养效果并不会因为使用时涂抹的厚薄程度而得到改变。

★ 天天敷面膜

作为女性最爱的保养单品之一，面膜到底可不可以天天敷？面膜的确是可以让肌肤在短时间内得到较大改善的产品，但是过度使用面膜也会造成更严重的肌肤问题。面膜，一定要正确使用！如果你最近感觉肌肤状况欠佳、经过了长时间的日晒、处于非常干燥的气候状态，那你可以比较高频率地使用补水修复面膜，帮助肌肤迅速调整到正常状态。如果你的肌肤没有什么太大问题，天天敷面膜就会造成过度保养，原本正常的毛囊因为频繁的封闭护理，可能发生堵塞的现象，时间久了，堵塞的毛孔无法自由呼吸，排出肌肤代谢的垃圾就会发炎，引发痘痘和粉刺。

另外，像清洁型的泥膏面膜、含果酸成分的保养面膜等，一周使用不得超过两次，尤其是对干性肌肤和易敏肌肤而言，一周一次比较好，否则会带来刺激的风险。总之，就是要学会观察自己的肌肤状态，给予它最贴切的保养。

雅诗兰黛微精华面膜

产品推荐：
GLAMGLOW亮颜去角质泥膜

詰言海洋精灵面膜

Tips 如何才能高效地使用面膜

在做面膜之前可以先使用清洁面膜帮助打开、疏通毛孔。因为肌肤毛孔如果堵塞，就吸收不了面膜中的营养物质，造成营养物质在肌肤表面堆积，反而会带来负担。另外，在做面膜之前先用热蒸汽或蒸脸机蒸脸5分钟，也是帮助毛孔打开，加速吸收营养物质的办法。

对于涂抹型的面膜，可以敷20~30分钟，等看到面膜膏体大部分渗入肌肤后，就可以清洗了。清洗时可以用一块柔软的纤维布配合轻轻擦拭，不要用手大力搓洗。面贴型的面膜，根据产品说明来决定需不需要再度清洗。

★ 频繁使用喷雾补水

无论是在夏季还是冬季，总有人告诉你一定要随身准备一瓶喷雾，及时给肌肤补水。喷雾，尤其是矿泉喷雾里含有大量的矿物离子，直接喷于肌肤上是可以补充水分的，但是喷雾里不含有保湿成分，这就相当于你给肌肤补充了水分，却没有将这些水分锁在肌肤里，这些停留在肌肤表面的水分很快就会被蒸发掉，在蒸发的过程中，甚至可能会带走原本的部分水分。当你不断地使用喷雾来补水时，相当于让肌肤陷入了忽干忽湿的循环，这种做法并没有半点好处。

正确的做法：每天使用喷雾的次数不宜过多，最好不要超过3次，喷的时候要大量地使用，直到整张脸都湿透为止。等待10秒钟后用纸巾将多余的水分都吸干，然后涂上乳液来帮助锁水。

step 2

肌肤第二宗罪“草莓肌”——我不要做斑点妹

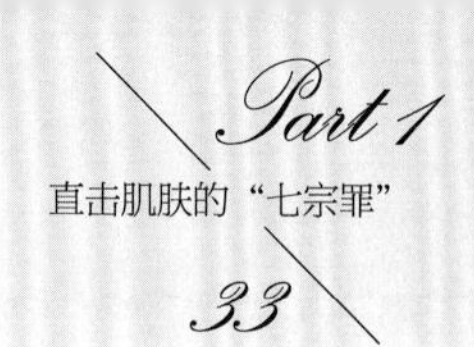

罪证等级

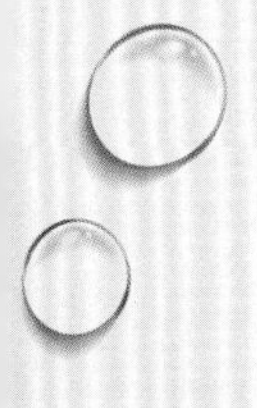

无瑕疵是完美肌肤的必备因素，可是随着年龄的增长、日晒的原因，肌肤不再无瑕，出现了点点色斑。

来看一下你正处于哪种色斑等级

洗脸后仔细观察两侧脸颊，如果肉眼可见斑点零散分布，不超过五颗，那你正处于轻微的色斑等级状态。

如果色斑分布得比较紧密，颜色夹杂了淡黄色、褐色甚至深黑色，数量较多，那么说明你的肌肤已经处于色斑比较严重的状态。

如果色斑已经不局限于两侧脸颊，在整个脸部都能看得见，颜色大多偏深色，甚至在脖子、肩膀处也能发现密布的斑点，说明你已经属于非常严重的色斑肌肤了。

罪证搜罗

★瓷娃娃最怕紫外线

关键词——紫外线、防晒

拥有白皙、无瑕的肌肤是每个女生一直以来都梦寐以求的，所以特别提醒大家千万不要忘记涂抹防晒霜！日常生活当中紫外线是无处不在的，而紫外线是造成肌肤出现色斑的直接凶手。涂抹适量的防晒产品可以更好地保护肌肤免受紫外线伤害。科学涂抹防晒霜就好像给肌肤穿上了一层隐形的紫外线防护衣。白天鹅不想变成丑小鸭的话赶紧准备防晒产品吧。

★ 正确选择防晒品

首先，要根据自己的肤质和需求选择防晒产品。偏干性肌肤的人适合选择乳霜状的防晒产品，不会让肌肤产生拔干的感觉。油性和混合性肌肤的人可以选择乳液状的防晒品，相对轻薄，不会给肌肤带来油腻的负担。其次，在防晒值的选择上，如果需要经历较长时间的户外运动，或者去到紫外线强烈的地方，如海边、高山等，一定要选择高倍数、有防水防汗功能的广谱防晒用品，防止紫外线UVA和UVB造成的晒黑、晒伤的危险。

Tips 防晒系数不能叠加

现在有很多的底妆产品都带有SPF防晒值，那如果之前使用一款SPF值为30的防晒霜，再使用SPF值为20的粉底，是不是意味着拥有了SPF50的防晒能力呢？答案当然是否定的，防晒系数是不会自己叠加的，并且带有防晒值的底妆因为用量的原因往往达不到它应有的效果，除非你想把自己涂成一个面具脸。因此不管你之后要不要化妆，还是应该将防晒重点放在专用的防晒产品上。

★ 防晒品你用对了吗

选择了对的防晒产品，还要学会正确使用它。可不是仅仅把它涂抹在肌肤上这么简单哦！

乳霜状的防晒产品因为质地稠厚，用手涂抹可能会造成涂不匀，甚至涂成大白脸的效果。正确的方法是把它点涂在脸上，然后用手将其轻轻拍打开来。推荐用少量多次的方法达到完美的覆盖效果。

乳液状的防晒品在涂抹时，最好顺着毛孔的走向从上往下推开，如果像擦面霜那样画着圈圈抹防晒，可能会与之前涂抹的护肤品相冲而产生和泥的现象。

还有一种是喷雾型的防晒，使用起来的便捷性让它得到越来越多人的青睐。不过，需要注意的一点是，防晒喷雾在使用时容易被吸入肺里，影响身体健康，使用时要避开眼睛和嘴巴，最好不要直接对着脸部喷，可以先将其喷在手心，再用手涂抹。相比之下，防晒喷雾更适合拿来为身体防晒，还能够喷到一些平时不容易顾及的肌肤死角。

兰蔻新柔皙轻透防晒乳

资生堂新艳阳夏臻效防晒乳

娇韵诗清透防晒乳

产品推荐：

欧珀莱烈日防晒隔离液

提醒广大朋友，当你使用某些药物或是进食某些食品后，身体会对紫外线更为敏感。暴露在阳光下的肌肤容易起晒斑、水疱、丘疹，并感到灼热和疼痛。

食物类	雪菜、莴苣、茴香、苋菜、荠菜、芹菜、菠菜、香菜、油菜
水果类	无花果、柑橘、柠檬、芒果、菠萝
海鲜类	螺类、虾类、蟹类、蚌类
中药类	补骨脂、白芷、白鲜皮、小茴香
西药类	磺胺类、抗真菌药（灰黄霉素、酮康唑、伊曲康唑）、喹诺酮类（司帕沙星、氧氟沙星、环丙沙星等）、非甾体抗炎药（阿司匹林、水杨酸钠、布洛芬、双氯芬酸等）、噻嗪类利尿剂（呋塞米、氢氯噻嗪、双氢克尿噻、氨苯蝶啶等）、四环素类（多西环素、美满霉素米诺环素、米诺环素）、维A酸类（异维A酸、维A酸软膏）、抗组胺药（氯苯那敏、苯海拉敏等）、氨基糖甙类（氯霉素、庆大霉素等）、磺脲类降糖药（格列本脲片、格列吡嗪）、抗结核药（异烟肼、吡嗪酰胺等）、镇静催眠药（氯丙嗪、异丙嗪、奋乃静等）、抗肿瘤药（长春新碱等）、钙通道拮抗剂（硝苯地平）、ACEI、胺碘酮、卡马西平等

口服或外用上述食物或药物的女士，应尽可能少地接受日光照射，在强光下不宜时间过长，过敏体质的病人最好避免使用上述有光敏反应的药物。如果用药期间出现光敏反应，应立即停药，换用其他药物，并及时就医。

★让点点繁星消失的终极大法

关键词——美白、淡斑、激光治疗

如果已经出现了色斑，应该如何消除呢？想要击退斑点，最直接的办法就是使用美白产品，淡化色斑所形成的黑色素。含维生素C、熊果苷、传明酸、维生素B_3等成分的美白产品，尤其是浓度比较高的美白精华，都能够帮助淡化色斑，并且抑制黑色素的生成。想要祛斑，使用美白精华的量一定不能省，在斑点比较密集的部位可以做重点叠加涂抹，早晚使用的话，一瓶30毫升的美白精华在一个月内使用完才能起到作用。当然，无论使用哪种美白产品，防晒绝对是必不可少的，只有每天都坚持防晒，才能从根本上阻断色斑的滋生，而美白淡斑的护理也需要配合防晒才能起到好的作用，所以提醒各位爱美的女孩千万不能偷懒哦！

对于一些顽固的、比较深层的色斑，使用保养品可能效果甚微，可以选择激光治疗的医学美容方式，能够在短时间内明显地祛除斑点。不过也要考虑到激光可能对肌肤造成的刺激。在决定接受手术之前，一定要与医生做深层次的沟通，确定你的肌肤状态能够承受，并且要遵循医生嘱咐的术后肌肤护理。激光术后的两个星期，只能使用成分精简温和的保湿、修复产品，此时的防晒非常重要，因为术后的肌肤状态比较脆弱，尽量选择物理防晒霜，并要佩戴遮阳帽和口罩，出门一定要撑伞。

产品推荐：

SK-II精研祛斑深效修护液

资生堂新透白美肌集中祛斑净白精华液

雪花秀滋晶美白精华修容霜

玫莉蔻白玫瑰靓肤美肤面膜

★逆转长斑体质的中西调理法

关键词——补水、防晒、清洁

为什么有的人从来都不长斑？每个人的体质都不一样，就像有的人虽然很能吃可是还很瘦一样。不过，如果你不幸是容易长斑的体质，其实也是可以通过一些防护保养来逆转的。

首先，对于色斑，预防大于治疗，也就是说你必须严格做好防晒工作，除了每天涂抹防晒产品之外，还要尽可能减少暴晒的机会。如果万不得已需要进行户外活动，一定要及时补涂防晒霜，对于化妆的女生，推荐使用带有SPF和PA值的粉饼，补妆的同时也加强了防护。

其次，清洁不彻底，尤其是彩妆品残留，容易堆积在毛孔，久而久之造成色素沉着，产生斑点，所以提醒各位一定要做好清洁的工作。另外，当肌肤缺水时，会使黑色素代谢不畅，所以平时不光要用美白精华淡化黑色素，还要注重给肌肤补水，别让黑色素在你肌肤里钻了空子。

Tips 不是所有的黑色食物都导致长斑

经常会听到有人说吃多了酱油、咖啡这类黑色的食物，会导致或加重脸上长斑的现象。这种说法其实是没有科学根据的，事实上大部分黑色的食物，如黑豆、芝麻、木耳等都是营养价值非常高的健康食品。倒是有一些蔬菜，如苋菜、香菜、芹菜、菠菜等含有光敏性物质，过量食用这些蔬菜之后再晒太阳，会加重肌肤出现发红、晒伤，进而导致黑色素沉淀的可能，所以在紫外线格外强烈的夏季最好避免过多食用这些蔬菜。

中医认为，颜面色斑无外乎虚实两端。虚证多为气血亏虚、脾肾不足；实证常因气滞血瘀、痰湿阻络。调理长斑体质，也应从虚实两个方面入手。

秘制药膳

核桃仁

阿胶

阿胶核桃养颜粉

材料：阿胶150克，核桃仁100克。

做法：将上述两味材料研为末，混匀。早晚饭后各服1匙（5克左右）。

功效：本品养血益肾，对阴血不足、肾气不固，表现为月经量少、腰膝酸软、头晕耳鸣、脱发白发的女士最为适合。阿胶补血、滋阴、润燥；核桃仁固肾抗衰、延缓衰老。消化不良、脾胃湿热患者不宜食用本品。

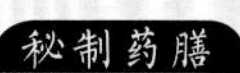

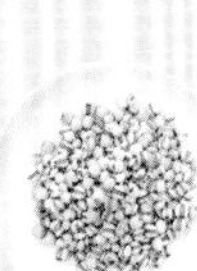

生薏苡仁

苡仁消斑醋

材料：生薏苡仁300克，优质米醋500毫升。

做法：将生薏苡仁浸于米醋中，密封10天后即成，每日早晚饭后服醋液10克。

功效：本品化痰祛湿，对痰湿阻滞、经络不畅引起的色斑，伴有颜面水肿、四肢酸胀、食欲缺乏、大便溏泻的女士最为适合。生薏苡仁健脾除湿、化痰清肺；米醋软坚散结、活血开胃。本品对扁平疣同样有效，孕妇及女性经期忌服。

★ 名模最爱——玫瑰凌霄茶

色斑是所有女性朋友的噩梦！

色斑，其实是气血不畅在面部的产物。因为气血不畅，影响面部的血液循环，颜面气血失和便会使面色黯淡无光，进而长出色斑，而气血不畅的关键在于肝气不调，这就是为什么色斑总爱找上女性朋友。到了一定年纪，因为家庭、事业诸多琐事缠身，很多女性朋友都会有一定程度的情绪问题，或抑郁不舒，或喜暴怒，这些情绪都会造成肝失疏泄引起肝气郁结。气为血之帅，肝为藏血之脏，气郁结则血不行，血不行则瘀滞，所以要解决色斑的问题，先要解决气血不畅的问题，就应疏肝和血。

这款玫瑰凌霄茶就是为疏肝和血而制，取干玫瑰花6克、凌霄花10克，以沸水冲泡，代茶饮用，每天1剂。经期停服。

玫瑰花　凌霄花

《本草正义》里称玫瑰花“香气最浓，清而不浊，和而不猛，柔肝醒胃，流气活血，宣通窒滞而绝无辛温刚燥之弊，断推气分药之中最有捷效而最为驯良者，芳香诸品，殆无其匹”。可见玫瑰花的作用之佳。

凌霄花具有疏肝凉血、祛风化瘀的功效，李时珍的《本草纲目》中记载其“行血分，能去血中伏火，故主产乳崩漏诸疾及血热生风之证也”。玫瑰花和凌霄花一起合用，使肝气得舒、气血得活，起到调节面部血液供应、消除色斑的作用，同时还能缓解失眠多梦、口干口苦、月经不调、乳房胀痛等不适（这些症状多是色斑患者常伴有的）。

想象一下，在一个午后，约上三五闺蜜好友，坐在窗前，泡上一壶花茶，边饮边聊，有了这样的好心情，色斑哪还会找上门呢！

秘制药膳

隋炀帝后宫面白散

材料：陈皮30克，冬瓜籽30克，桃花40克。

做法：将上述材料研成细粉，装瓶备用。每日3次饭后服用，每次服1汤匙(约2克)。

功效：本方出自《医心方》，为隋炀帝后宫佳丽为博得皇上恩宠请御医研制的美白祛斑特效方。方中陈皮疏肝开郁、化痰祛湿；冬瓜籽清肺化痰、解毒润肺；桃花凉血祛风、养肝通便。对肝气郁结、血脉不畅引起的各种色斑，伴有月经错后、痤疮、便秘等都有很好的效果。

伪警察榜单

★ 用柠檬片敷脸可以祛斑美白

事实上，柠檬对于美白的作用微乎其微，虽然柠檬富含维生素C，但是从含量上来说，是不可能依靠它敷脸就起到变白，甚至祛斑的效果的。并且直接拿柠檬片敷脸会对肌肤造成很大的刺激，是不推荐给任何肌肤尝试的。如果真想美白，选择一款主打维生素C成分的精华产品，配合内服维生素C的补充剂才是明智之选。

★ 速效祛斑？这是真的吗

一些保养品的宣传语里经常写道“祛斑一次见效”“一星期彻底祛除面部色斑”等，很明显这些都是虚假广告，因为即使是激光手术，也不能保证做一次就让你的斑点都去掉。对于保养品而言，能够淡化斑点就已经是达到非常好的效果了，更别说一星期就让你彻底祛除斑点。我们都知道肌肤的生长周期是28天，意味着使用美白产品要等足一个月的时间才能看到明显效果。可是有人说了：这种产品我用过，真的能够快速见效呢。市面上所主打美白祛斑的产品参差不齐，一些不良商家通过在产品中添加一些化学药物或铅等有毒物质，在短时间内漂白肌肤，造成让你看上去立马白一个号的假象。这种产品对肌肤的危害是非常大的，所以在这里也要提醒大家，在选择产品时一定要认准大品牌，并且要努力学会辨析成分。

step 3

肌肤第三宗罪“痘痘肌”——有青春痘说明我还青春着

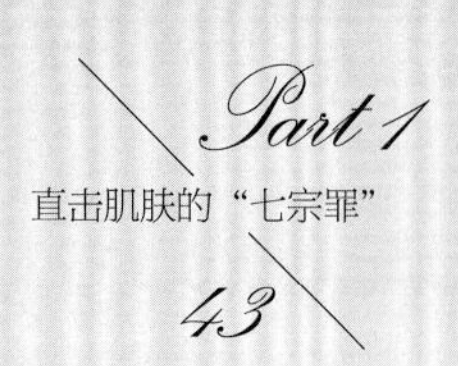

走出痘痘肌肤误区

以前我们认为痘痘只与油性肌肤相关，但其实绝大多数的肤质都会出现不同程度的痘痘问题。以前常听别人安慰自己说青春痘是年轻的象征，你有看到过四五十岁的人还在长痘痘吗？于是乎大家也就信以为真了。医学证明，痘痘与青春之间虽有着密不可分的关系，但也不代表长痘痘的人就一定正处青春期。

只有当我们清楚知道自己的肌肤属于哪种痘痘类型之后才能够更好地去维持及改善。首先，要将肌肤分类，如干性肌肤、中性肌肤、混合性肌肤、油性肌肤及敏感性肌肤；其次，剖析每类肌肤产生“痘痘肌”问题的缘由；最后就是对症下药。

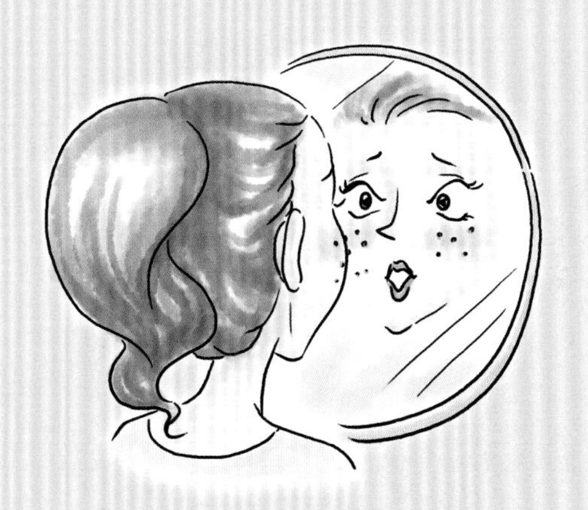

Tips 战“痘”要有耐心

想要彻底治疗痘痘，并不是一两天就能完成的事情，除了找到原因对症下药外，还应该内调外养，慢慢转变这种容易长痘痘的体质。长了痘痘不要慌，也不要心急乱投医，一股脑儿地将网上流传的某些治痘秘方全部尝试一遍，往往痘痘没治好，反倒引起了其他的肌肤问题。只要坚持科学、正确的调理方法，时间总会给你满意的结果。

★ 干性肌肤

这类肌肤常遇到的“痘痘肌”问题多为出现白头、粉刺，很少会出现大面积冒痘的情况，所以在日常肌肤保养过程中要特别注意清洁及补水，当然这里的清洁指的是卸妆+洗脸，这两步对于干性肌肤而言是非常重要的。在挑选卸妆洁面产品时特别推荐乳状及植物油类保养品，这类产品在清洁的同时还能给肌肤提供一定的滋润度，不至于因为过度清洁而破坏肌肤的锁水能力。

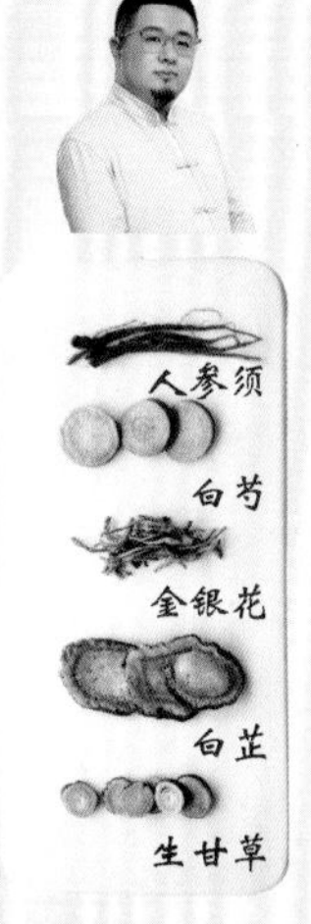

秘制茶饮

参须白芷饮

材料：人参须3克，白芍、金银花、白芷各2克，生甘草0.5克。

做法：沸水300毫升冲泡，加盖焖15分即可。代茶饮用，每日1剂。

功效：人参须补气，白芍养血，金银花、白芷疏风解毒，甘草清热消炎，对于防治干燥肌肤的痘痘问题较为适合。

中医说

★ 中性肌肤

五类肌肤类型中中性肌肤被视为最为理想的肌肤类型，但难免也会有粉刺、毛孔粗大的困扰。建议这类型的肌肤至少保证每周一次的深度清洁，多使用洁肤水、海藻泥面膜等产品。

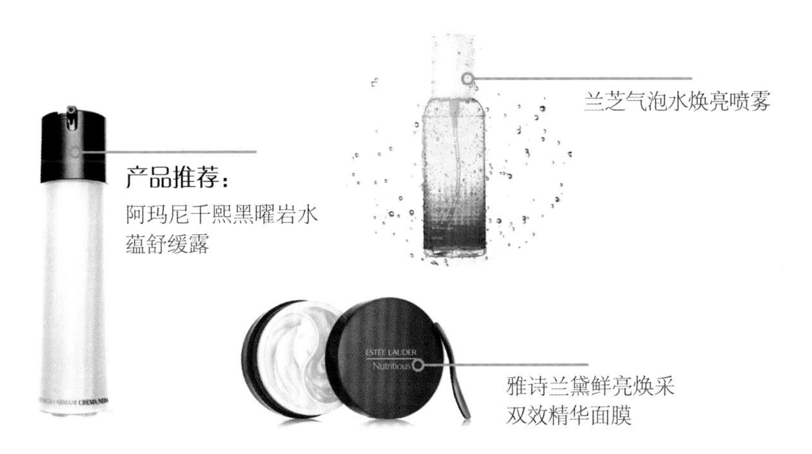

产品推荐：

阿玛尼千熙黑曜岩水蕴舒缓露

兰芝气泡水焕亮喷雾

雅诗兰黛鲜亮焕采双效精华面膜

中医说

秘制药膳

沙参紫米饮

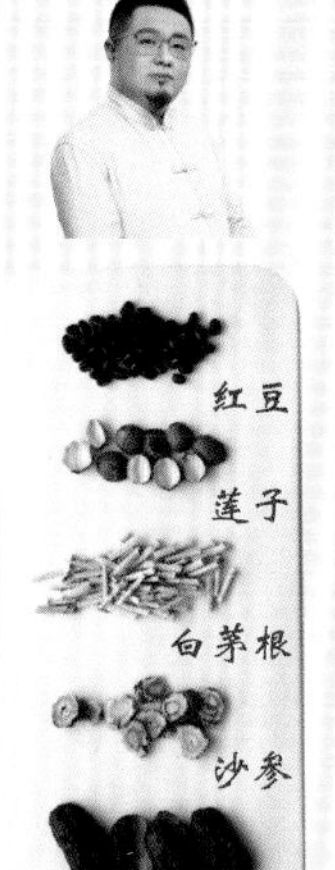

材料：白茅根20克，沙参10克，红枣3颗，红豆、莲子各50克。

做法：将白茅根、沙参放入纱布袋，加500毫升水煮沸后，滗取药液，加入红枣、红豆及莲子，煮熟后即可食用。每周1剂。

功效：白茅根、沙参滋阴清热，红枣、红豆养血润肤，莲子健脾安神。对中性肌肤的痘痘问题最为适合。

中医说

★ 混合性肌肤

相比较中性肌肤，混合性肌肤更为复杂化：通常两颊、嘴角、眼睛的肌肤呈中性肤质或干性肤质，而T区、鼻头、下巴等部位有较多的皮脂腺，油脂分泌旺盛，因此这个部位是比较容易长痘痘的。对于混合性肌肤，正确的保养方法应该是把T区部位与其他比较干燥的部位分开来护理。在较干燥的U字部位，使用补水、保湿的产品来滋润肌肤；在出油较多的T字部位，选择比较清爽的补水产品，并且做好控油护理，比如只针对T区涂抹清洁面膜，或者选择含水杨酸的产品来疏通T字区域毛孔，帮助油脂排出，减少因堵塞而长痘痘的概率。在清洁产品的选择上，并不推荐使用强效去油的泡沫丰富的产品，可以选择同样有很好的清洁力，但是较为温和的啫喱状洁面产品，不会过度带走脸上的油脂。

产品推荐：

理肤泉清痘净肤水油平衡乳液

玫莉蔻花泥面膜

中医说

秘制茶饮

菊花丹参茶

材料：野菊花6克，丹参9克。

做法：材料放入保温壶中，加300毫升沸水焖泡10～15分钟即可饮用。每日1剂。孕妇及经期忌服。

功效：丹参可凉血去瘀、滋润肌肤，野菊花清热、疏风、解毒。两者合用，有助改善混合性肌肤出油、冒痘、瘙痒等问题。

野菊花

丹参

中医说

★ 油性肌肤

油性肌肤的人因为皮脂腺分泌旺盛，面部会长时间大面积出油，并且常会伴随着毛孔粗大、黑头白头等问题，而当毛孔无法顺利排出油脂时，就会造成堵塞，产生痘痘。这种肌肤类型在平时护肤时要挑选质地清爽、油分含量低或者无油配方，并且能够调节皮脂分泌量的产品。而一些能够瞬间抑制油光、收敛毛孔的产品，可能是因为含有酒精、清凉剂，只能在肌肤表面暂时抑油，是达不到从根本上减少油脂分泌的效果的。

产品推荐：
理肤泉清痘净肤舒缓啫喱

如果有轻微的痘痘，可以选择使用过氧化苯甲酰药膏点涂来杀菌，或者用水杨酸疏通毛孔，溶解堵塞的皮脂。如果面部出现大面积的痘痘，一定要及时去医院就诊，依靠护肤品是治疗不好你的肌肤问题的。

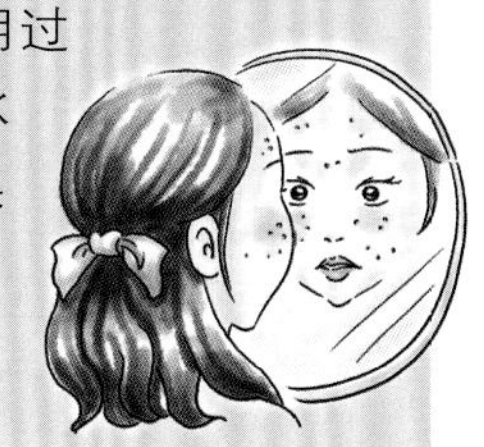

中医说

秘制面膜

薏苡仁绿茶面膜

材料：生薏苡仁粉、绿茶粉各等份。

做法：将生薏苡仁粉、绿茶粉以1:1混合（如各3克），然后加入适量水搅拌均匀。清洁面部后，直接将面膜涂抹于脸上，敷10～15分钟后用水清洗。也可以用蜂蜜、纯牛奶、酸奶调和。

功效：生薏苡仁祛湿排脓，绿茶控油解毒。两者合用，质地清爽舒润，能快速分解并吸收肌肤表面过剩油脂，对抗脸部油光现象，减少痘痘产生。长期使用更可使面部肌肤皮脂分泌臻于平衡。还具有杀菌作用，对粉刺化脓也有特效。

生薏苡仁

绿茶

中医说

★ 敏感性肌肤

敏感性肌肤指的是因为肌肤的耐受能力低，当受到外界环境因素刺激后，就会有瘙痒、刺痛、灼热等不适的感觉，同时伴随肌肤发红、脱屑等症状。

★ 肌肤为什么会敏感

敏感性肌肤可能是因为先天的免疫力低下，也可能是因为后天的保护不当使肌肤的屏障功能受损，从而变得敏感。一方面要减少刺激因素，使用温和、舒缓的保养品，减少去角质的频率，避免频繁地更换、尝试护肤品，尤其是功效型的产品。另一方面，要强调修复皮脂膜功能，皮脂膜就像我们肌肤的保护伞，只有它正常运作，肌肤才能保持健康、稳定。

含神经酰胺、角鲨烯成分的保养品都能够帮助修复受损的皮脂膜，重筑健康屏障。另外，紫外线也会造成肌肤伤害，引发刺激反应，因此敏感性肌肤一定要严格做好防晒，最好选择低刺激性的物理防晒产品与物理遮挡的防晒手段。

Tips 过敏不等于敏感肌

每个人的肌肤在遭遇到特定的过敏原时都有可能产生过敏现象，稍加护理便能够痊愈。而敏感性肌肤是因为先天肌肤较薄或者护理不当而导致红血丝明显、抵抗外界刺激的能力降低，容易产生过敏现象，需要长时间的调理才能够转变为不易敏感的肌肤。

★ 对“症”才能战“痘”成功

敏感性肌肤长痘痘，首先要分清是不是因为肌肤受到了刺激而产生的异常反应，这种痘痘一般外表都呈现出发红、肿痛、瘙痒的迹象，这时需要配合舒敏的药膏或内服舒敏片，停止一切美白、抗老、祛痘等功效的护肤品，只涂抹一些温和的保湿产品。情况严重的需要及时去医院就诊。如果是因为屏障功能受损或油脂分泌紊乱而产生的痘痘，外观与痤疮或闭口粉刺无异，可以选择专为敏感肌肤设计的调理油脂、修复受损细胞的产品，但是要慎用各种酸类产品，以防给肌肤造成更大的刺激。

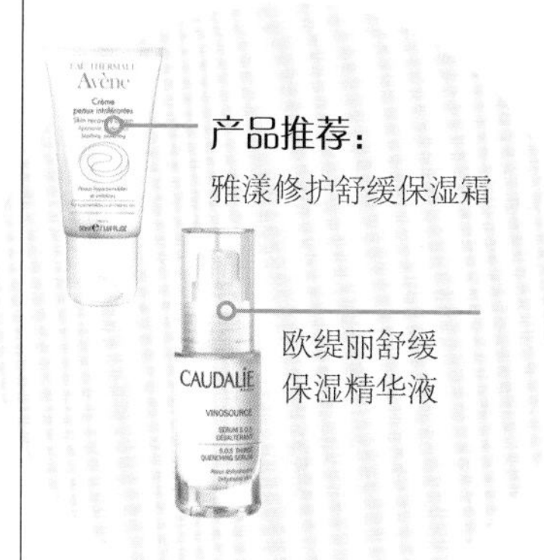

中医说

经常遇到这样的女士，她们用了很多护肤品，但还是长痘痘，即便对别人很有效果的产品她们用了也不起效。中医学中称这类女性为“特禀质人群”，意思是说她们的肌肤更为敏感，很小的外界刺激都会对她们的肌肤产生很大影响。对于这种情况，中医有不少解决方法。

第一，要早休息，避免熬夜、焦虑、吃辣椒。

第二，女性朋友生理期前后气血骤然变化更应注意。

1	少食辛辣、油腻及寒凉食物
2	保障充足睡眠，每天休息8小时
3	减少使用电脑、手机时间，使用电子屏幕一小时后用温水洗脸
4	保持心情舒畅，避免工作生活压力

第三，注意容易诱发过敏的一些细节，例如，春秋季花粉较多，可以佩戴口罩；夏季阳光炽烈，应打伞或戴帽子防晒；宠物也会引起过敏，应减少与宠物接触。

肌肤敏感的问题尤其应该注重内部调理，常按以下穴位，可以镇静、祛痘，降低肌肤敏感性。

穴位按摩

曲池穴

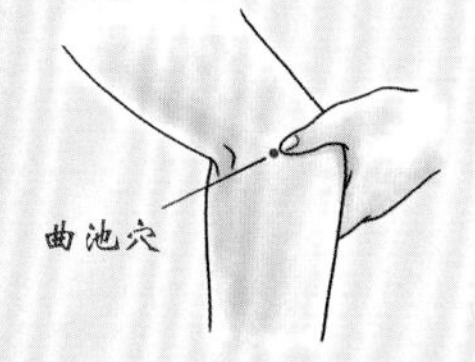

位置：手肘弯曲成直角，在肘弯横纹的顶端处。

按法：以拇指指腹按压，带微酸感为宜，每次10下，每天按3～4次。

作用：清热消炎、疏风排毒，具有抗过敏及止痒功效。对出油冒痘，伴有便秘、咳嗽、头痛、颜面潮红的女士非常适合。

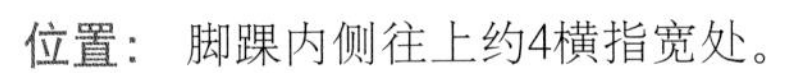

穴位按摩

三阴交穴

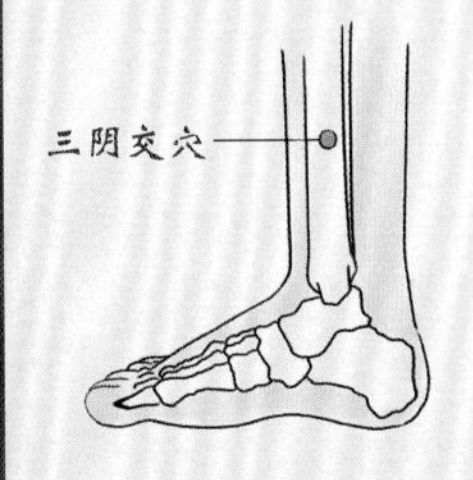

位置：脚踝内侧往上约4横指宽处。

按法：以拇指指腹按压，带微酸感为宜，每次按10下，每天按3～4次。

作用：调补肝肾、活血祛湿，可以促进血液循环，使脸部红润。对伴有月经不调、痛经、腰酸女士最为适合。怀孕及经期禁止按摩，或应遵医嘱按摩。

中医说

穴位按摩

足三里穴

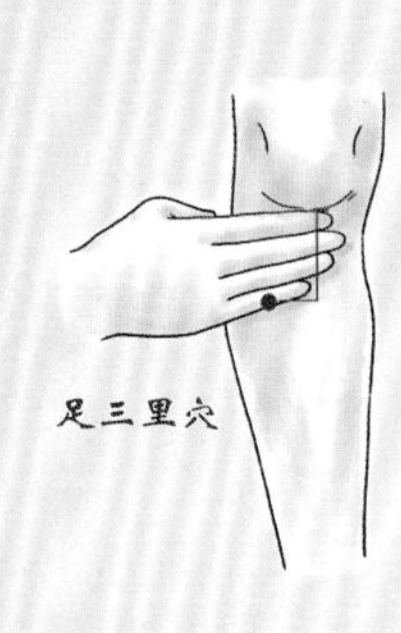

位置：膝盖外侧凹陷处往下约4指宽处。

按法：以拇指指腹按压，带微酸感为宜，每次按10下，每天按3～4次。

作用：调理脾胃，补气养血，对伴有消化不良、脘腹胀满、乏力的女士最为适宜。

罪证搜罗

★肌肤明明好干，可痘痘依然很爱我

凶手关键词——水油不平衡

有些人的肌肤明明很干，为什么也会长痘痘？这里其实有一个误区，那就是干性肌肤的皮脂腺较油性肌肤而言虽然没那么发达，但是并不代表干性肌肤就不会出油。当气候变化、空气污染、电脑辐射、内分泌失调使油脂分泌加重时，就可能造成干性肌肤长痘痘。干性肌肤对抗痘痘的办法，基本上也要注重抗炎、杀菌，使用茶树精油或过氧化苯二酰药膏抑制痘痘真菌，配合含有海藻萃取物、植物多酚、甘草精华以及植物萃取（如洋甘菊、薄荷）的抗炎成分来全面击退痘痘炎症。干性肌肤在治疗痘痘时，一定要注意给肌肤大量地补水保湿，因为祛痘的产品往往都会过分抑制油脂，使干性肌肤更加干燥。

Tips　调理角质是干性肌肤的养护重点

干性肌肤还有可能因为角质无法正常代谢，堵塞毛孔而长痘。但是对干性肌肤而言，又不能够经常做去角质的护理，因为这样会导致肌肤的油脂分泌更少，肌肤变得更干燥。干性肌肤与其去角质，不如将重点放在调理角质上，现在有一些品牌都有专门针对角质调理的精华产品，除了能够温和地让老废角质代谢外，还能够重整角质层，令角质层恢复健康柔软，自然也就不会乱长痘痘啦。

★是谁在我额头撒下了痘痘的种子

凶手关键词——不注意个人卫生

说完痘痘的种类之后相信大家对它有了一定的了解和辨识度，我在日常授课及录节目期间经常会遇到一些主持人和嘉宾常被额头长痘困扰，虽尝试了很多的祛痘产品，但效果都不太好。一般情况下我会先观察他们的发型，在确定不是刘海的问题后针对问题给予相应的解决办法。相信很多人会疑惑，刘海真的会引起额头痘痘问题吗？答案是肯定的。头皮每日都会分泌大量的油脂，空气中含有的大量尘埃会长时间黏在我们的头发上，长时间不清洁就会引起额头冒痘的情况，所以保持一个良好的生活习惯是对抗痘痘的最佳办法。我建议爱漂亮的女士一定要时刻注意自己的个人卫生，千万不要因为一时的懒惰而毁了自己美丽的年轻容颜。

除了上述这种情况外，工作压力大、情绪暴躁、上火、饮食口味偏重都是引起额头冒痘的元凶，对于这些问题我给如下建议：

第一	遇到任何问题都要保持一颗平常心，尽量不要让自己的情绪过于激动
第二	饮食口味不易过重，尤其是辛辣、煎炸、烧烤之类的东西尽量少吃
第三	多喝菊花、玫瑰、勿忘我等养颜类的花茶

只要做到以上三条，相信痘痘问题一定会有所改善的。

产品推荐：

FANCL祛痘补湿液

玫莉蔻花泥面膜

中医说

额头痘顾名思义集中在额头，且呈现细密型分布，原因与运动量少、精神压力大、缺乏睡眠等有关。中医认为是上焦火热导致的。除了避免烟酒，按摩合谷、曲池穴可清热泻火，并调节肌肤油脂分泌。

合谷穴位于大拇指与食指间虎口的凹陷处。鱼际穴位于大拇指根部凸起的肌肉中间。以指腹按压，带微酸感为宜，每次10下，每天3~4次，可以起到解毒、消痘、通便的作用。

★我没有络腮胡，但却有络腮痘

凶手关键词：内分泌失调

招数一 养成好的生活习惯

络腮痘不像痤疮，它更多的是与我们身体内部的内分泌失调有关。这时光靠使用外涂护肤品的方法不可能将它根治的，应该从内部调理入手。首先，你要养成好的生活习惯，规律作息，每天保持充足的睡眠，在饮食上要多吃新鲜的蔬果以及蛋白质丰富的食物，如鸡肉、鱼肉、豆制品，不要抽烟喝酒，有每天喝咖啡习惯的女生可以把咖啡换成绿茶。要配合适量的运动，增加肌肤血液的微循环，这些都是调节内分泌的办法。反复长络腮痘的人，还可以服用维生素A和维生素D、Omega-3等补充剂，帮助肌肤缓解炎症，调节皮脂分泌。

招数二 及时调整护肤步骤

一般在络腮痘即将暴发的前期，可以用手摸到肌肤下面有一些凹凸不平的硬结。对于女生来说，这种状态在生理期前后表现得更加明显，这告诉我们一定要每天都仔细观察我们的肌肤，以便根据症状及时调整护肤步骤。在出现了这种情况后，请停止使用含有美白、抗衰老的功效型护肤产品，只选择成分简单、低刺激的保湿产品，并使用温和的洗面奶清洁肌肤。这种还未发出来的痘痘，往往里面已经开始产生炎症，可以选择具有抗炎杀菌成分的药物，如过氧化苯甲酰，或者茶树精油，点涂在即将爆痘的肌肤区域。需要注意的是，这类药物对肌肤的刺激性不小，所以一旦痘痘消失就要立即停止使用。

产品推荐：
施丹兰茶树香薰油

理肤泉清痘净肤油脂特护洁面泡沫

Tips 坏习惯也是痘痘的元凶

一些不好的习惯也会导致下巴长痘痘，比如有的女生总是喜欢手托腮帮子，还喜欢时不时用手去摸脸，这样很容易将手上的细菌带到脸上，造成毛孔发炎长痘痘，特别是已经长了痘痘的地方，更要注意别用脏手去摸。

下巴是女人最容易长痘的地方，根据我的长期观察，主要原因是"下焦病变"，多与月经不调、痛经、肠道疾患有关。比如生理期，雄性激素与雌性激素比例失衡，造成皮脂分泌过于旺盛，引发络腮痘。也有的女性朋友是因为排便异常引起，诸如便秘、大便溏结不调等。也与频繁出差倒时差有一定关系。弄清了络腮痘是怎么回事，我们就要采取相应的祛痘对策了。

秘制茶饮

雪梨芹菜汁

材料：芹菜100克，雪梨150克，柠檬2片。

做法：材料洗净后放入果汁机中榨汁，饭后饮用，每日1剂，分两次服完。

功效：芹菜清热通便，雪梨滋阴润肤，柠檬健胃消食。芹菜、雪梨富含膳食纤维，可以疏导胃肠，适用于下巴长痘痘并伴有口臭、便秘的女性服用。

丹参

炒山楂

秘制茶饮

调经祛痘茶

材料：丹参9克，炒山楂6克。

做法：沸水300～500毫升冲泡，焖10分钟即可饮用。每日1剂。孕妇忌服。

功效：丹参养血活血，山楂化瘀止痛，两者合用促进血行，适用于下巴长痘且唇色偏暗、痛经、月经量少的女性饮用。

★把痘痘的萌芽扼杀在摇篮里——和油性肌肤say goodbye

关键词——清洁、控油、水油平衡

油性肌肤相比其他肌肤都更容易产生毛孔粗大、痘痘、黑头等问题。如何才能够控制油脂的分泌，让肌肤变得不那么油呢？通过正确的日常保养，是能够做到这一点的。不过话又说回来，有油不一定意味着不好，等到了一定年纪的时候便会发现，因为皮脂的分泌，让你肌肤看上去比同龄人更加饱满、皱纹也比同龄人更少，肌肤天然分泌的油脂其实是最好的滋润剂。但是，前面说到的痘痘、黑头等肌肤问题还是万万不能容忍的。因此，油性肌肤的护理对策应该是将肌肤调理到正常分泌油脂的状态，即我们经常说的水油平衡。

招数一 清洁

清洁绝对是油性肌肤的护理方法中最重要的一环，现在很多人都知道过度清洁的危害，过度洗去了脸上的油脂，反而会让肌肤自动分泌更多的油脂来弥补干燥。油性肌肤可以将清洁的重点放在彻底疏通毛孔上，比如每周1～2次使用天然泥膏清洁面膜敷脸，让油脂代谢更加顺畅，至于洗脸，只要确保脸部的彩妆和脏污被洗干净即可。

招数二 调节皮脂分泌

日常的保养可以使用一些能够调节油脂分泌成分的产品，像海藻萃取物、葡萄糖酸锌、硫酸锌、茶树精油、柠檬草等都是很好的能够减少油脂、延缓肌肤出油时间的成分。

招数三 分区护理

即使是非常油的油性肌肤，也不可能是每寸肌肤都过分出油的，同样，在使用保湿产品的时候，也不是每个部位都需要得到滋润。在给肌肤补水保湿的时候，只需要给你觉得干燥的地方抹上保养品就好了。相比保湿，油性肌肤更适合把重点放在抗氧化护理上，选择质感清爽的抗氧化精华，不仅能够给肌肤补充足量的水分，还能补充大量的抗氧化剂，延缓出油时间。

产品推荐：

雅诗兰黛鲜活亮采双融乳液

修丽可基础调理洁面凝胶

欧缇丽葡萄籽赋颜修护精华液

祛痘控油枇杷叶

中医认为，油性肌肤多因体内热、肺胃热盛引起。想要控油就不得不说说枇杷叶这味中药。《食疗本草》记载：煮汁饮，主渴疾，治肺气热嗽及肺风疮，胸、面上疮。《本草经解》说它：清肺止咳，降逆止呕。可治疗口干消渴，肺风面疮、粉刺。足见枇杷叶是清肺清胃的良药，也是祛痘高手。

生薏苡仁

干枇杷叶

秘制药膳

枇杷叶粥

材料：生薏苡仁50克，干枇杷叶10克。

做法：先将枇杷叶洗净切碎，煮沸10～15分钟，捞去渣后，纳入生薏苡仁煮粥，煮熟即可食用。每周2～3次。

功效：生薏苡仁利湿排脓、健脾清热，配合枇杷叶，对形体肥胖、满脸油光、白头粉刺、周身困重的女士尤为适宜。

中医说

秘制药膳

枇杷叶膏

材料：鲜枇杷叶1000克，蜂蜜300克。

做法：枇杷叶洗净去毛，加水3000毫升，煎煮1小时后过滤去渣，再浓缩成膏，兑入蜂蜜混匀，冷藏备用。每次10克，每日两次。

功效：清解肺热、润燥解毒。适于油性肌肤冒痘、酒糟鼻的女士服用。服药期间忌食辛辣刺激性食物及酒类。

中医说

★ 预防痘痘中医支招

误区一：过了青春期自然会好，不用管它。

据统计，只有12%的痘痘患者可以自愈，延误治疗会使病情恶化，甚至会留下疤痕。尤其是月经不调的女士，痘痘往往在经期加重。（预防方法参照第49页）

误区二：用手挤痘，挤完就好了。

手上的细菌容易使炎症加重，对肌肤破坏程度加剧，留下难看的色素沉着和疤痕。三角区周围血管丰富，挤压痘痘可能会将脓栓、细菌挤入血管，引起脑部感染。因此，痘痘还是不挤为妙。

误区三：多洗脸可以去油防痘。

洗脸次数过多会破坏皮脂膜，使肌肤脱水加重出油，毛孔更为粗大。每天用温水洗两次脸，充分卸妆，可促使皮脂排出，预防痘痘。

此外，饮食不节，喜食辛辣刺激性食物和高糖、高脂肪食物，喜欢喝酒抽烟，不喜欢吃蔬菜和水果，便秘，都会加重体内热毒，诱发痘痘。平时可以多吃些猕猴桃、枇杷、黄瓜、荸荠、莲藕，生津解毒、凉血润肤，对预防痘痘有很好的效果。

step 4

肌肤第四宗罪“地图肌”——为什么我的脸上印着藏宝图

第一次听说地图肌

“地图肌”这个名字不知道大家之前有没有听说过，简而言之，就是面部出现的问题犹如一张地图般错综复杂，形状大小不一，颜色各不相同。说到这，相信很多人都会感慨万分，因为很多的面部问题都不在自己的掌控范围之内，便秘、失眠、身体疾病、环境、水质、空气、紫外线等都是引起面部色素沉着的诱因。只有认清问题产生的原因，我们才能更好地去面对和解决。

罪证搜罗

★黑漆漆的眼周静悄悄的亮

凶手关键词——熊猫眼

★ 哦，黑眼圈原来是这样形成的

造成黑眼圈问题的成因有很多，熬夜、用眼疲劳、体弱、肾气不足，都会引发眼部肌肤供氧不足，造成色素沉着。另外，随着年龄的增长，眼睛周围肌肤的皮下脂肪变得越来越薄，黑眼圈也会越来越明显。还有日晒造成的色素沉淀也可能聚集在眼睛周围，让眼周看上去黑黑的。

★ 我要摆脱熊猫眼

首先要培养良好的作息习惯，保持充足的睡眠时间，不熬夜，尽量减少眼睛与电子屏的接触。

对已经造成的色素沉着，可以选择含有美白成分、能够淡化黑色素、增强眼部血液循环的眼霜，配合眼部穴位按摩，持之以恒可以有效减轻黑眼圈症状，外出时要涂抹眼部专用的温和防晒产品，阳光猛烈时要戴太阳镜。

还有一些小细节也应该注意，不要用手大力揉搓眼睛；要用眼部卸妆液将眼妆彻底卸除干净，避免彩妆残留造成色素沉积；适量的有氧运动可以增强心肺功能，促进血液循环，对减少黑眼圈的形成非常有帮助。

五行学说认为黑色属肾，黑眼圈与肾虚血瘀有关。如果女性朋友除了黑眼圈还伴有腰酸乏力、失眠多梦、记忆力减退、脱发白发、月经不调，那就是最为典型的肾虚了。不妨试试黑木耳粥。

秘制药膳

黑木耳粥

材料：黑木耳10克、大枣5枚、大米50克、冰糖10克。

做法：先将木耳用温水泡发，清洗干净后放进锅里，将大米和大枣洗净后与木耳一起熬粥，等木耳炖烂时放入冰糖拌匀即可。每日1剂，每周2～3次。

功效：黑木耳补肾活血，大枣养血益气，大米养胃生津，冰糖润肤解毒。对肾虚血瘀、气血不足引起的黑眼圈最为适合。

除了上述方法，按摩肾俞穴也可以有效改善黑眼圈。肾俞穴位于人体的腰部，第二腰椎棘突下，左右二指宽处。两手的大拇指按于肾俞穴，其他四指包住腰部。用力按压5秒之后，慢慢减压，5秒之后再按压，反复按摩20次。按摩肾俞穴可以补肾养血化瘀，对黑眼圈伴有腰酸乏力、月经不调的女性最为适合。

★我真的没有偷吃巧克力——嘴角黑黑怎么破

关键词——排浊、亮肤、清洁

肤色不匀、色素沉着是亚洲人普遍存在的问题，据数据统计，10个人中至少有5位会有不同程度的肌肤问题。相信很多人都会好奇这些问题是如何产生的。众多问题之中嘴角色素沉着是最为常见的，轻者一般有嘴角颜色发黑、角质层堆积、出现色斑，严重者会有嘴角泛红及脱皮的现象，当出现这类问题时一定不能忽视，要学会时刻关注自己的肌肤健康问题。针对以上情况可分为三大类，不论你目前遇到什么样的问题，基本都可以在这里找到解决方案。

★ 第一类：唇部卸妆不彻底

爱美是人的天性，适度地使用彩妆产品及彩妆技巧能够让我们看上去更加年轻有魅力。可你知道吗，化妆其实也是一个“毁容”的过程。当然这里的“毁容”不是词面上的寓意，而是一种夸大的描述方式。长时间涂抹各类唇部彩妆产品会导致唇部及其周围色素沉着，稍不留神问题就会变得越来越严重，甚至形成唇斑。所以，不论工作再忙、应酬再多回家之后一定要记得唇部卸妆。这点非常重要，大家一定要谨记！

妙招

唇部卸妆，最好是使用眼唇专用的卸妆产品。用眼唇卸妆液浸透化妆棉轻轻擦拭唇部肌肤，切勿大力揉搓，否则会加重唇纹与色素沉积。还有一个小办法可以教给大家，那就是用凡士林（选择纯度比较高的凡士林）来卸唇妆，先用纸巾印掉表面的唇膏痕迹，将凡士林厚厚地涂抹在嘴唇上，静待几分钟，使其充分溶解唇膏中的固色成分，最后用蘸水的化妆棉将凡士林擦掉。这样做的好处是有了凡士林给嘴唇做打底缓冲，能够缓解摩擦带来的刺激，而且因为有了凡士林的滋润，卸完后唇部肌肤也不会变得很干燥。

产品推荐：
M·A·C温和眼唇卸妆液

美宝莲眼唇卸妆液

★ 第二类：不注重日常防晒

紫外线对肌肤的伤害不仅只是局限在面部，唇部、眼部、身体等其他位置都是需要长期呵护和关注的。以前很多人不知道唇部肌肤也要防晒，以为只要做好了面部肌肤的防晒就OK了，但实际上唇纹、唇斑也是由于受到紫外线的照射，又缺乏防护而逐渐形成的。

妙招

唇部肌肤非常娇嫩，所以要用唇部专用的防晒品。目前市面上很多品牌有带防晒值的唇膏以及唇部彩妆产品，使用之前做好打底滋润，并且还要随身携带补涂，才能起到好的防护作用。不管是唇膏还是彩妆产品，只要是带有防晒值的，回家后记得都要卸妆。

产品推荐：
伊丽莎白雅顿8小时经典润泽唇膏SPF15

雅诗兰黛完美防晒修护唇膏

★ 第三类：日常唇部保养

除了正确的卸除唇妆、做好唇部防晒外，日常的唇部护理也是非常重要的，想知道一个女人保养得有多细致，看看她的嘴唇就知道了，饱满柔滑、没有唇纹、颜色呈浅浅的粉色，这样的唇部就像婴儿的嘴唇一样，让人羡慕。唇部护理大致可分为三个步骤：唇部去角质、滋润、修复。

第一步 唇部去角质

犹如面部肌肤一样，唇部肌肤也会产生老废角质堆积，使嘴唇变得粗糙，也吸收不了护唇产品中的营养成分。推荐每周进行一次唇部去角质护理，清除唇部死皮。产品上建议大家多选择一些材质、成分、味道偏温和、无刺激、纯天然的，因为它们会更有助于之后的保养品吸收及减少对唇部及其周围肌肤的刺激性。

唇部去角质产品不能与面部肌肤的去角质产品混用。因为唇部的肌肤相对而言更加脆弱，所选择的去角质产品必须是温和、无刺激、成分天然的。如果是带磨砂颗粒的产品，在揉搓时力道一定要轻，时间也不宜过久，控制在1分钟左右即可。

产品推荐：

悦诗风吟油菜花蜜润唇膏

bliss芯丽丝唇部去角质膏

第二步 滋润

去完角质后，唇部肌肤会变得有些干燥，这时一定要及时做好滋润护理。可以将唇膏厚厚地涂在嘴唇上，或者直接使用唇膜，等待10～15分钟，给予唇部充分的滋养。在经过去角质和滋润的步骤后，你会发现唇纹大部分都隐形了，嘴唇变得弹弹的、润润的。

产品推荐：
科颜氏护唇膏1号

第三步 修复

用纸巾轻轻将刚刚涂在嘴唇上的唇膏印掉，选择一款修复唇部的产品仔细涂好至吸收。如果你的嘴唇总是习惯性的干裂、脱皮，涂润唇膏也不管用，那么可能是唇部炎症的表现，可以选择药用修复产品。如果你的嘴唇唇色很深，有唇斑，可以选择含有美白成分的产品来淡化黑色素。

Tips 防止唇部起皮的小妙招

在涂口红时，有时会发现涂完后唇部起了一层层的小白皮，非常影响美观。最好的解决办法是先将唇膏卸掉，然后重新上妆。先厚厚地涂抹一层润唇膏，重整唇部肌肤，待几分钟后用纸巾将多余的润唇膏擦掉，再涂口红就不会有起皮的烦恼了。

中医说

★ 嘴角黑 该按胃经“去火点”

通宵熬夜后，嘴角发痒发红，自己没当回事，随意舔舔继续干活，一两天过去了，问题严重了，嘴角处开始脱皮糜烂，再拖个两三日，糜烂处形成了裂痕，一张嘴就开裂出血，说话不利索，吃饭也受影响。如果你够坚强，再挺一挺，烂嘴角就成了黑嘴角，这是肌肤表皮角化、色素沉积的结果。

中医说

这个问题说大不大，说小也不小，天天因为痛吃不下饭，还得忍饥挨饿地继续干活可不是要人命嘛！我给你支个招，趁着干活空闲进行按摩，会有效缓解黑嘴角的问题。

按哪里？这个穴位在足第二趾末节趾甲角旁靠近第三趾侧，具有清胃、健脾、利湿的作用，最好选择在早上7～9时进食早餐后进行按摩，这是胃经气血最为旺盛的时段，能够加速伤口愈合，消除色素沉着。可用大拇指按压此处，坚持1～2分钟，两脚交替进行。也可以用火柴头等点压此处，100次为宜。一般可以每天按摩1～2次。

选取该穴位的原因是脾胃开窍于口唇，黑嘴角的形成与脾胃功能失常，运化处理食物不及时，反而让食物瘀滞过久化而为火有关，所以治疗黑嘴角应选取足阳明胃经的“去火点”。

生地黄

升麻

中医说

★ 口角炎饮用生地升麻茶

患有口角炎的女性常被开裂、出血、疼痛困扰。饮用生地升麻茶可以有效缓解这一问题。

取生地黄20克、升麻6克，以沸水300毫升冲泡，加盖15分钟，代茶饮用。每日1剂，分多次饮完。

生地和升麻是治疗胃热上蒸的很有效的药物。口角炎也多是因为肺胃津液被燥邪损耗，不能濡养而导致嘴唇干燥。生地黄具有养阴生津、清胃凉血的功效；升麻可以清热解毒，引领胃中清气上升滋养口唇，两药合用更有养肺生津、益胃润燥的功效。此外，生地黄与升麻中还富含维生素A、阿魏酸，这两种物质具有改善口唇血液循环、促进皮肤黏膜修复的作用，对口角炎的缓解很有帮助。

★痘痘走了，正如痘印轻轻地来

凶手关键词——新陈代谢

冒痘容易祛痘难，想着每次脸上冒痘的心情总是无比焦虑和烦躁，在战痘的过程中祛痘的心情也是百感交集的。针对痘印的问题大家首先要先学会观察，然后再根据不同的问题采取相应的解决措施，相信只要有一颗坚定的祛痘之心，痘印不再是问题。

★ 痘印等级1：红色痘印

痘痘消下去后，炎症引起的血管扩张并不会马上消失，于是留下了一个个红色的印记。红色痘印最好消除，即使不做针对性护理也会在半年内渐渐褪去。

妙招

对于红色痘印，选择含维生素C、曲酸、烟酰胺等成分的美白精华早晚涂抹，同时注意日间防晒，一两个月就能够基本消失。

★ 痘印等级2：黑色痘印

炎症消失后留下的色素沉着，相比起红色痘印，这种黑褐色的痘印不是很容易就能祛除，需要一段时间才看得到效果。

妙招

想祛除黑色痘印，除了要大量使用美白精华外，还要配合涂抹一些富含抗氧化剂、修复成分的保养品，内服维生素C或B族维生素，白天坚持防晒。根据个人体质的不同，痘印在2~5个月内会渐渐淡化。

★ 痘印等级3：凹陷痘疤

长痘的时候如果没有很好地护理，导致发炎的部位加深，皮肤组织被破坏，于是就造成了痘坑。另外，用手挤痘痘也会加大出现此种凹陷型痘疤的概率。它不会自行消失，想要平复凹陷是非常难的。

妙招

如果出现了凹陷型的痘疤，可以使用一些能够深入修复肌肤细胞的精华产品，并且还需要配合医学美容手段才能够真正改善。果酸换肤能够加速角质细胞更新，对痘疤的修复能起到一定的作用，激光、微晶磨皮都是针对此类情况有很好效果的医学美容术。

Tips 用遮瑕产品快速遮盖痘印

痘印的色素代谢需要一段时间，如果有重要的约会需要迅速让痘印“隐形”，只能借助彩妆品来完成了。可以用不同颜色的遮瑕膏来遮盖正处于不同阶段的痘印。

对于初级阶段的红色痘印，可以用绿色的遮瑕膏来中和肌肤浅层的红色素，只需要轻轻遮盖住泛红的区域即可，用手指将边缘晕开，这样可以让效果更加自然。

对于中级阶段的黑色痘印，使用米色或者黄色的遮瑕膏来提亮瑕疵区域，让色素沉着变得不那么明显。一次不要蘸取太多遮瑕膏，可以少量多次地遮盖直到黑色痘印基本消失为止。

凹陷型的痘疤也可以使用黄色的遮瑕膏来提亮凹陷的阴影部分，不过是做不到完全让痘疤隐形的。而如果痘痘仍在发炎状态，使用遮瑕膏之前一定要在长痘痘的地方做好补水保湿的护理，否则很容易产生脱皮的现象，让痘痘更加明显。

"一揉二敷"养颜法

我不拒绝青春痘，这说明我还青春着；但我拒绝留痘印，因为我需要张完美的脸。

这恐怕是不少青春期朋友们的心声。看看市面上琳琅满目的祛印美白产品就知道人们对肌肤美白的渴求有多狂热。去痘印也要注重内外合治，从根本上调理，且看"一揉二敷"养颜法，一个穴位、一味中药轻松搞定。

★ 揉

常见的痤疮、出油、痘印、毛孔粗大、颜面潮红、肤色晦暗等问题都是肺经风热蕴于血分所致，通过按揉肘部可以解决这些问题。肘部是肺经气血汇聚之处，也是大肠经经气游弋之所。肺与大肠相表里，通过大肠经可将肺经的风热邪气排出体外。因此，按揉肘部可以起到疏风清热、凉血解毒、活血祛印、美白肌肤的作用。将手肘弯曲置于胸前，按揉大臂与小臂连接处（如图所示）即可，按压至有酸胀感为宜，每天早晚各一次，每次5分钟。也可以选用牛角或者玉石刮痧板、按摩棒按揉。

中医说

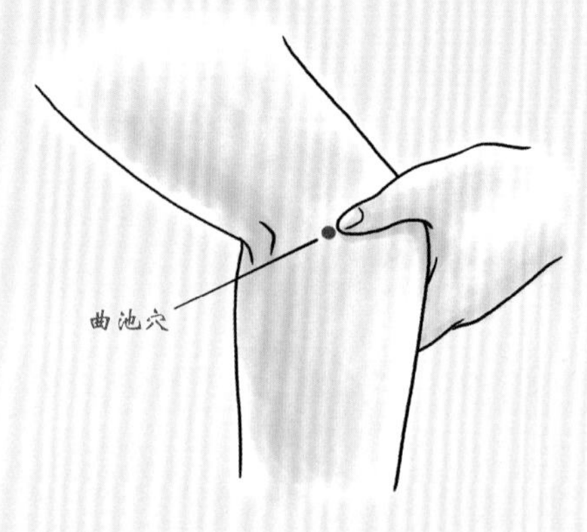

★ 敷

薏苡仁性凉，味甘、淡，具有清热利湿、清肺排脓的功效，是古代常用的祛痘印药物。现代药理研究也发现，其中含有的薏苡仁酯、亚油酸甲酯等成分，能改善和促进皮肤细胞的氧化还原能力，激活细胞中酶的活性，促进皮肤细胞的新陈代谢，抑制细菌繁殖，从而起到美白肌肤、改善肤质、祛除痘印的作用。将生薏苡仁粉碎成细末，装瓶备用。用时取5克，用蛋清调成糊状，涂抹于脸上，每晚敷15分钟后用温水洗净即可。对鸡蛋过敏者及孕妇不宜。

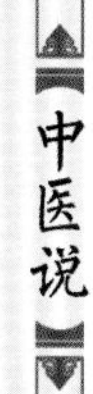

step 5

肌肤第五宗罪“水肿肌”
——他们都叫我小汤包，呜

水肿不要埋怨“水”

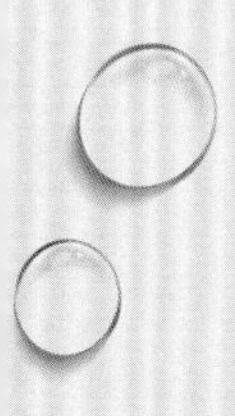

突然接到领导通知晚上要出席客户举办的鸡尾酒晚会，此时照镜子才发现因为睡得太晚而面部水肿，面对这种情况怎么办？相信很多人都曾有过这样的经历，面对临时邀约既无法拒绝也无力挽救。有没有曾经因为脸大常常被人取笑说拍照不上镜、脸肿得跟个汤包一样圆圆的诸如此类的话。

【中医说】

很多女士都爱问我，我早上起床发现脸肿，是不是睡觉前喝水的缘故呀。答案是：不是。对大部分人而言睡觉前喝水并不会引起水肿。只有肾病、心脏病、甲状腺疾病患者才会因过量饮水引起颜面水肿。那到底是什么原因引起肌肤水肿的呢？这是由于身体湿气重、阳气弱引起的。中医讲，阳气推动水液周游全身，一旦阳气虚弱或是水湿太重便会引起颜面水肿。

罪证搜罗

★我不要做肿眼泡

关键词——去水肿、塑颜

眼睛为什么看上去肿肿的呢？是因为没有休息好还是用眼过度？到底是什么原因使我们的眼睛看上去如此萎靡不振。

新陈代谢能力缓慢、饮食习惯口味偏重、经常熬夜及天生体质较差等类型的人常会因为血液循环不畅、体内废水无法排出而导致长时间积压引起水肿现象。

★ 生活习惯很重要

眼睛总是习惯性水肿的人，首先要看看是不是因为自己的生活习惯或饮食出现了问题。要养成良好的作息习惯，不熬夜，还要经常运动。对经常久坐不动的办公室一族而言，很有可能是因为长期久坐使血液循环变差而造成膨胀水肿的现象。那些口味较重、长期食用咸辣口味食物的人，也会因为高盐分造成淋巴循环过慢而产生水肿。因此，要注意多吃清淡的食物、绿色蔬菜及水果，养成健康的饮食习惯。

还有的人肿眼泡是因为眼部肌肤老化而造成的松弛现象，可以选择能够促进纤维蛋白生长、促进眼周肌肤细胞新陈代谢的眼部产品，配合眼部按摩，起到紧致肌肤的作用。

★ 去肿小妙招

想要在短时间内缓解肿眼泡，可以采取冰敷的方式。用毛巾包裹住冰块，轻轻盖在眼皮上，来回移动，持续两分钟即可。现在还出现了直接敷在眼睛上帮助消肿的冰眼贴产品，使用起来非常方便。

产品推荐：
悦木之源炯炯有神沁凉滚珠棒

倩碧眼部护理精华露

Tips 滚珠产品使用小技巧

在使用这类自带滚珠的眼部护理产品时，一定要先轻轻滚动滚珠，让里面的液体充分覆盖在眼周肌肤上，再开始用滚珠协助按摩。使用时尽量将滚珠垂直于肌肤表面，可以先从内眼角往外眼角滚动半分钟，再由外往内滚动，切勿不停地来回滚动，以免拉扯到眼部肌肤。滚动按摩的时间也不宜过长，每次控制在2分钟左右即可。

★最简单的包子脸瘦身历程

关键词——V脸、塑形

面部水肿跟眼部水肿差不多，不同点在于面部脂肪正常情况下都会高于面部其他部位的脂肪含量。另外，表皮层下方除脂肪之外还有一个更为重要的组织——肌肉，两者之间的区别也是相差甚远的。

★ 瘦脸小妙招

对于包子脸的女生，在使用瘦脸的精华产品时还要配合一定的脸部按摩，帮助产品中的有效成分快速渗透到肌肤内部，游离分解脂肪。另外，还可以通过彩妆修容的方式从视觉上缩小脸部轮廓。用大号的修容刷，蘸取适量阴影粉，以大面积横扫的方式扫在两颊凹陷处及下颌骨处，手的动作要轻也要快，要将阴影粉均匀地扫开，一定要掌握度，一次可以少量蘸取，以少量多次的方式上妆，切勿贪图快而变成“小黑脸”。

产品推荐：
娇韵诗V脸精华
纤妍紧致精华乳

中医说

中医也有快速瘦脸方法，能促进血液和淋巴循环，将脸部多余水分及废物排出，改善面部肌肤松弛，雕塑脸部线条。

按摩方法

1.整个面部按摩

双手食指勾起，然后以拇指作为固定点，利用食指指关节内侧从脸部中心向两侧滑动按摩。分别从下颌下方，往上到腮骨上方，然后是鼻翼两侧、颧骨处，最后是眉骨上方。

step 1

2.提拉脸颊

利用中指和无名指指腹，从太阳穴往发际线提拉，重复5次。

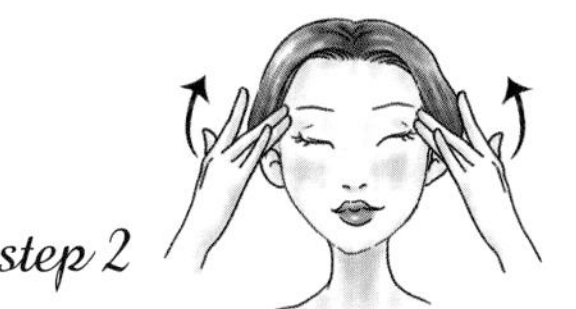
step 2

3.掐捏脸颊肉

两手四指并拢，两手呈金字塔状掐住脸颊，然后两拇指向上推按，每边重复5次。

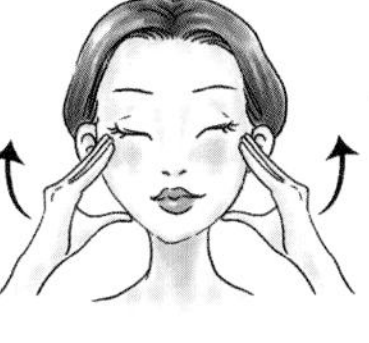
step 3

4.拇指推按腮骨

四指并拢，拇指张开。拇指放在腮骨处，其余四指放在太阳穴处。四指成为支点，拇指沿着腮骨从下巴处推按至耳朵旁，重复5次。

5.指尖按摩额头

五指张开，手指微微弯曲，两手分别放在眉骨上，然后利用指尖向发际处轻轻按摩，重复5次。

step 5

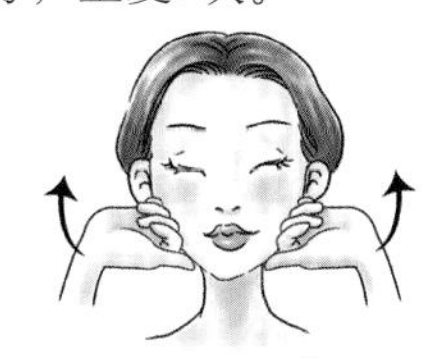
step 4

提高瘦脸效果的要点是按摩的时候使用一些瘦脸荷荷巴油。它性质温和易吸收，可使肌肤变得柔软有弹性，可加速脂肪分解。通畅淋巴循环，利水排毒，消除面部水肿。还能提高手指的润滑度，更好地达到按摩效果。注意不要用力过猛，否则容易造成脸部出血或瘀伤。

★到底是胖还是虚胖

关键词——水肿、瘦脸

很多女生其实体重并不是很重，仔细一看四肢还都很纤细，但是只要一看到脸，就会给人造成一种胖胖的感觉，这种情况可能是因为脸部习惯性水肿造成的。除了要使用瘦脸产品外，还可以通过排除身体多余的水分来消除脸部水肿。早餐时喝一杯黑咖啡，或者喝一大杯薏苡仁水，都能够帮助去水肿。

Tips 冷热水交替敷脸

如果早上起床发现脸部水肿得厉害，可以用冷热水交替敷脸。具体的操作办法是：先用热毛巾敷脸，在眼睛、脸颊部位着重按压一会儿，然后再冷敷，重复3次，每次敷脸的时间在2分钟左右即可。用冷热水交替敷脸能够刺激皮下血管的收缩扩张，使肌肤的血液循环更加顺畅，从而促使排出脸部多余水分。

梳头消除水肿

梳头不仅可以促进头皮血液循环，还具有缓解压力和消除水肿的效果。头皮的缓解会让面部肌肤的水肿也随之减轻，不过最好是使用头皮专用的气垫按摩梳，能够更好地刺激到头皮上的穴位，并且梳头时不会产生摩擦刺激。

汤匙按摩消肿

不锈钢汤匙是很好的按摩工具，可以在每晚睡前将汤匙放在冰箱里冷藏，早上洗完脸涂好乳霜后，将汤匙取出洗净，先扣住双眼按压眼周部位1分钟，然后用汤匙凸起的背面贴住眼尾往太阳穴方向按压1分钟，再由嘴角开始向耳垂处提拉1分钟，这样做能够快速缓解面部的水肿。

秘制药膳

红枣茯苓粥

材料：大红枣10颗，茯苓30克，粳米50克。

做法：将红枣洗净剖开去核，茯苓捣碎，与粳米共煮成粥，代早餐食。

功效：红枣健脾生血，茯苓淡渗利湿，扶助阳气，粳米健胃补气，常吃可滋润肌肤，增加肌肤弹性和光泽，起到瘦脸养颜、消肿美容的功效。

中医说

茯苓

粳米

红枣

step 6

肌肤第六宗罪“伪老年肌”
——是小时候妈妈掐我掐太狠了吗

别让容颜拖累了年龄

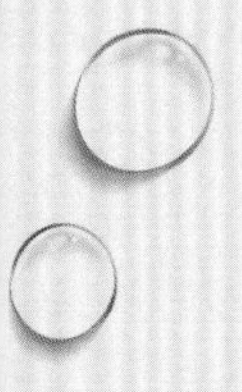

20岁的姑娘30岁的容颜，不知道有多少的妙龄少女年纪轻轻看着却特别老成，与其说是不懂得保养，不如说是因为她们不愿意为自己的容颜去投资。即使再年轻的肌肤也会随着时间的流逝容颜褪去，婴儿肥看着特别楚楚动人，实质却是引起肌肤衰老的根本原因。

★ 抗老做好提前量

很多女生总是认为自己还很年轻，不需要抗老保养。其实肌肤抗衰老护理是宜早不宜晚的。25岁之后，肌肤的胶原蛋白急速流失，抗衰老保养要作为肌肤护理的重中之重。对于20岁出头的女生，可以不使用营养成分比较高的抗衰老的产品，但是一定要做好抗氧化的工作。抗氧化从一定程度上来说就是抗老化，它能够延缓肌肤衰老的时间和速度。因此，18～25岁的女孩的肌肤护理产品中至少要有一款抗氧化的精华产品。

资生堂时光琉璃御藏集效精华柔肤水

欧缇丽葡萄籽赋颜修护乳液

产品推荐：

雅诗兰黛特润修护肌透精华露

肌肤虽是人体的最外层器官，但却担负着非常重要的防御作用，当然肌肤美不美也成为现代女性不断关注的方面。但想要拥有好的肌肤，更重要的是有个“好的内在”，即要有强健的脏腑和充盈的气血。

然而现代女性越来越多地参与到社会竞争中，身体负担、精神压力日益加重，加之环境污染的影响，姣好的容颜大有稍纵即逝的感觉。为大家推荐一款醋泡鱼皮，不仅可以滋养肌肤，还能防止肌肤过早衰老。

选用新鲜的淡水鱼皮200克，鱼皮切丝，置于开水锅中，加入料酒煮5分钟，捞起后用凉水反复冲泡至凉，捞出放入盆中，加入适量陈醋，以淹没鱼皮为宜。浸泡24小时后，捞出鱼皮，置于阴凉通风处晾干，装入密闭容器中，可每天不定时食用。长期食用可美容养颜、抗衰老。

醋是沿用数千年的调味品，它的药用价值也一直被古今医家所推崇。中医认为，醋味酸、甘，性平，归胃、肝经。《本草备要》记载，醋可除湿散瘀、解毒下气、消食开胃。现代医学研究发现，醋能软化血管、活跃微循环。加之鱼皮富含胶原蛋白及微量元素，可以促进表皮细胞再生，活化肌肤，保湿增白，防止肌肤松弛下垂。

罪证搜罗

★一个关于“沙皮狗”的故事

关键词——皱纹、松弛

不知道大家有没有见过幼年的沙皮狗，因为一身褶皱的关系，总让人觉得老态龙钟。对狗而言，这并不影响它的可爱，但是对人来说就不一样了，衰老是所有女生都不愿意面对的，尤其是那些出现在肌肤上的皱纹。

★ 产生皱纹的根源只有它

引起皱纹的原因有很多，但是造成的结果都是一样的——肌肤内部的胶原蛋白、弹力蛋白和其他纤维老化流失。要知道我们的肌肤其实就像一张网，是被这些组织支撑起来的，当它们开始逐渐流失，可想而知肌肤就会失去支撑力，受到地心引力的影响开始下垂，局部折叠生成皱纹。

★ 抗皱是一项长期工程

想要消除皱纹是一件不太容易的事，一定要选择有针对性的除皱产品。对于已经生成的轻微皱纹，通过持之以恒的保养能够让其变淡。对于非常明显的皱纹，保养品的作用其实已经微乎甚微了，可以选择医学美容的方式，填充胶原蛋白、玻尿酸、注射肉毒素、电波拉皮、激光等都是能够帮助改善深层皱纹的办法。如果你的肌肤还比较年轻，也要早早地做好抗老化的工作，虽然我们改变不了衰老这个事实，但是我们可以减慢皱纹的出现。

★ 不能忽视的紫外线

除了身体的自然老化外，紫外线造成的光老化也是不容忽视的一方面。使用防晒产品应该作为我们日间肌肤保养的最后一步，也是不可缺少的一步。如果你不想变成沙皮狗，一定要让自己养成每天都防晒的好习惯哦！

★眼角下垂是眼尾的不争气还是额头的不挽留

关键词——提拉、紧致

有的女生天生就有点眼角下垂，人们亲昵地称为是“小狗眼”，因为看上去显得非常无辜，甚至在日本还非常流行这种下垂眼妆容。不过，有的人随着年龄的增长，发现眼角越来越下垂了，这种下垂造成的是三角眼，会让人感觉非常没有精神、垂头丧气。

年龄越大，肌肤的皮下脂肪、纤维、胶原蛋白流失就越快，本来就比较薄的眼部肌肤更容易失去支撑，变得下垂，这是眼部肌肤老化的表现。如果发现自己的眼睛已经有了这种迹象，一定要及时更换护理产品，选择具有提拉、紧致功效的抗衰老型眼霜，并配合提拉按摩，能够有效改善眼角下垂。

Tips 抗老精华DIY纸膜湿敷

如果觉得经常敷眼膜花费太高，可以通过自己DIY眼膜来做湿敷，效果一样很好哦！准备一张纸膜，用剪刀剪出你自己眼部轮廓的形状（或者你也可以直接买专门针对眼部的纸膜），用成分简单、温和的化妆水先把剪好的眼膜浸湿，然后微微拧干，不让有水滴落下来。然后将目前使用的眼部抗老精华，滴多一点在手心里，将纸膜泡在里面。因为前面有了化妆水的湿润，纸膜会很好地吸收精华，并且能更节省哦。最后把DIY好的眼膜贴好就OK啦，这个小方法一周可以做3～4次，一段时间后你就会发现眼部肌肤有非常明显的改善。

★从“松、松、松”到“绷、绷、绷”

关键词——松弛、细纹、纤颜

观察身边一些阿姨你会发现，有的阿姨虽然脸上也有皱纹，但是肌肤看上去状态很好，散发着透亮的光泽。这是因为肌肤的紧实度高，整个肌肤仿佛被绷起来一般，自然就会呈现出一种紧拉着的光感。随着肌肤的老化，皮下脂肪、纤维和胶原蛋白的流失，肌肤会变得越来越松，很多年轻的女生也会因为不注重抗氧化和抗老化的保养，肌肤呈现出松弛的态势，看上去比实际年龄大很多不说，更是让整个脸部轮廓下垂，离小脸也无缘了。

前面说过，抗老化的保养应该尽早开始。针对肌肤的松弛，从20多岁起就要注重补充胶原蛋白，食用一些富含胶原蛋白的食物，比如猪蹄、猪皮、鱼皮，或者也可以选择一些成分安全的胶原蛋白补充剂。

通过按摩可以刺激血液循环，帮助提升肌肤紧实度，配合紧致功效的保养品，让护理的效果事半功倍。

★ 我们一起来对抗地心引力

几百年前，一个掉到牛顿脑袋上的苹果让他发现了地心引力。现在我们知道，除了肌肤自身代谢变缓之外，地心引力也是我们面部轮廓衰老下垂的重要元凶。每天涂抹保养品的时候，加上一个简单的按摩操，就能帮你对抗地心引力。

步骤	
step 1	把适量保养品涂抹在手心，用人体的温度充分融化，从锁骨开始顺着脖子，双手手掌由下往上做提拉按摩
step 2	用食指与中指分别从眉心中央往太阳穴、鼻翼两侧往太阳穴、下巴中央往颧骨进行按摩，每个动作都要确保带动面部肌肤往上走
step 3	食指的侧面贴近法令线，略微施力带动肌肤往太阳穴处提拉，停留3秒钟，再重复操作
step 4	用食指的第二关节从嘴角下方开始，往太阳穴处提拉，到了太阳穴后再沿着面部与脖子的交界线往下走，一直到锁骨的淋巴处结束

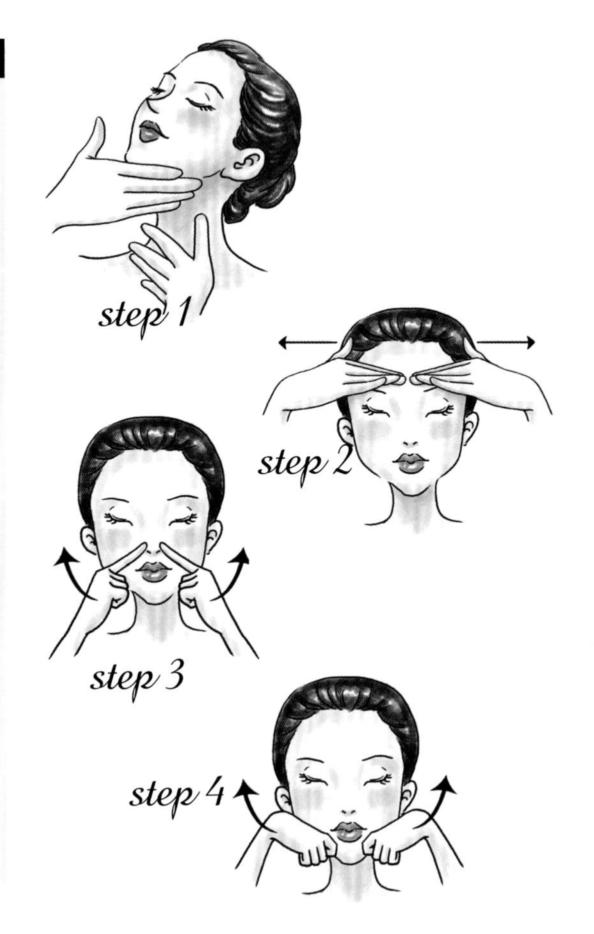

Tips

以上每个动作重复3～5次即可，如果感到肌肤有点涩涩的被拉扯的感觉，就要及时在手上补涂保养品，以免产生细纹或皱纹。频率则控制在一个星期2～3次为宜，肌肤的按摩护理不宜过度。

中医说

★ 紧肤首乌蛋

相传，在清乾隆年间两淮一带有一名叫黄均太的盐商，家产万贯，生活骄奢。他曾命人将白术、人参研成粉末拌在饲料中喂养母鸡，从而使母鸡生的蛋味美无比，还能提神美容。这种鸡蛋传到皇宫被乾隆皇帝品尝后，被誉为“人参蛋”，从此列为贡品。虽然现在我们不可能仿用同样的方法，但是可以将一些中草药和鸡蛋一起煮，制成药蛋，这样不仅方法简单，而且抗衰老的功效也毫不逊色。

制何首乌30克，鸡蛋4个，同入锅内，加水煮到鸡蛋熟后，只吃鸡蛋，每日1个，晚饭食用。此药蛋具有养颜乌发、祛斑抗衰的功效，特别适宜肌肤松弛老化、脱发白发、颜面色斑者食用。

step 7

肌肤第七宗罪“脆弱肌”——内心女汉子，肌肤却似林黛玉

别让脆弱肌打败自信

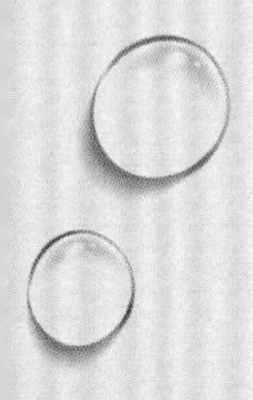

试想一位女子，在同事眼中是个天不怕地不怕的女汉子，在领导眼中是处事不惊的好职员，在情人眼中是个善解人意、独立自主的女强人，话说这类级别的人物应该没有什么问题是她不能面对的。可令人意想不到的就是在肌肤的问题上她却对自己尤为不自信，特别是当换季、空气污染严重的情况下，她的肌肤会变得特别敏感。相信不论是谁拥有和她相同的肌肤困扰一定都是非常痛苦的。

罪证搜罗

★肌肤敏感究竟是我的错，还是我妈的错

关键词——预防

肌肤问题究竟是谁的错？在这个问题上谁都没有错，任何一个人都没有改变出生和父母的超能力。既然如此，在我们的生命中遇到的任何问题都是没有办法提前预知和防备的，唯一能做的就是要了解自己。在非常了解肌肤习性之后要做到正确护肤，不能因为急于求成而功亏一篑。

★ 预防才是关键

敏感肌肤，与其将重点放在对抗敏感上，不如着重于预防敏感的发生。任何物质都有可能引发过敏，因此首先你需要知道，你的肌肤到底对什么东西过敏，去医院做一个过敏源检测，查清楚所有能够导致你的肌肤过敏的物质，然后尽量地避开它们。

在使用保养品和化妆品时，也要仔细记录，如果有产品让你发生了过敏反应，一定要仔细研究一下它的成分，排查清楚到底是哪种成分不适合你，然后下次避免买含有这种成分的产品。只有时刻关注自己的肌肤状况，仔细做好保养功课，才能真正拥有健康、美丽的肌肤。

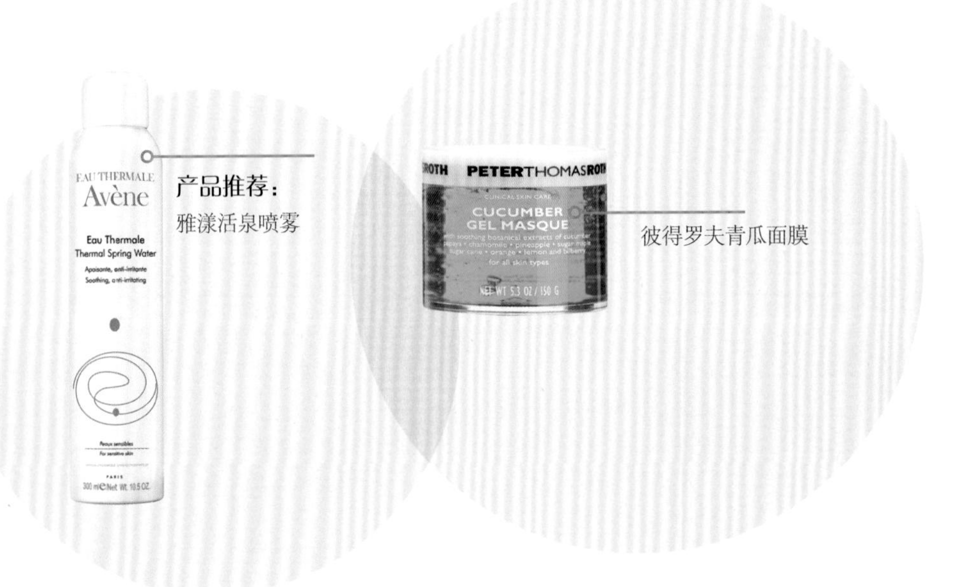

产品推荐：
雅漾活泉喷雾

彼得罗夫青瓜面膜

Tips 在容易敏感的季节学会给肌肤做减法

季节交替之时是肌肤敏感的高发期，所以一定要提前做好针对这个时期的护肤保养工作，例如可以先停止使用美白、抗皱等功效型产品，因为它们更容易引起刺激反应，只使用最基础的保湿品以及具有安抚功效的敏感肌专用产品即可。

★ 肌肤敏感就吃丹皮莲藕

中医认为，女性肌肤敏感问题是阴血不足、血虚风燥引起的，食用丹皮莲藕可以缓解这一问题。

取牡丹皮、白鲜皮各15克（药店均有售），用纱布包好。将鲜藕100克切片，同包好的药材加清水500毫升煎煮20分钟，食藕喝汤，分两次吃完。每周2～3剂。莲藕具有滋阴润燥、养血化瘀的功能；牡丹皮、白鲜皮能够活血散瘀、消肿解毒，能抑制并减少免疫复合物的产生。现代药理学研究证实，丹皮富含丹皮酚，具有抗炎、改善肌肤微循环的作用，进而发挥止痒功效。适合于肌肤瘙痒、红肿以及荨麻疹、湿疹等患者食用。孕妇及经期女性慎服。

牡丹皮

白鲜皮

中医说

★选对产品的黄金技巧指南

关键词——学会认清成分

一定要选择温和、负担小的产品。大部分品牌都有专为敏感肌肤而设计的产品，一些药妆品牌的产品相对而言会更加适合敏感肌肤。另外，敏感肌肤的人需要比其他人更加关注、了解自己的肌肤，在挑选产品时，要学会看成分。一般比较适合敏感肌的成分有：尿囊素，它能够缓解肌肤的刺激反应，修复肌肤，增强肌肤的屏障功能。维生素K，能够对抗肌肤因过敏而产生的泛红现象。还有一些温和的植物精华，如芦荟、洋甘菊、甘草等，都具有抗炎舒敏的功效。

另外，很多人以为只要认准纯天然植物配方的保养品，就能够杜绝刺激与敏感的可能。其实纯天然并不等于无刺激，像薄荷、柠檬、黄春菊等提取物或精油，对于敏感肌肤而言就是常见的容易引起过敏反应的植物成分。每个人的过敏原都不一样，所以对于敏感肌肤而言，一定要善于记录自己所用的保养产品，方便能够对照分析出你究竟对哪些成分不适，避开选择含有这些成分的产品。

★从林黛玉蜕变成钢铁侠吧

关键词——提高肌肤抵抗力

人体的抵抗力如果比较低，就容易经常生病。肌肤也一样，如果肌肤的抵抗力低了，容易产生各种肌肤问题。想要彻底击退敏感肌，就要提高肌肤的免疫能力，让肌肤在面对外界刺激时能变得跟钢铁侠一样刀枪不入。

多食用一些能够提高肌肤免疫力的食物，如大豆制品、谷类食物、新鲜蔬果、坚果，补充维生素和抗氧化剂（绿茶里含有丰富的抗氧化剂），从身体的内部提升抵抗力。在选择保养品时，除了要选择成分安全、温和的产品外，还可以选择一些含高科技修复作用，能够特别帮助肌肤提升免疫力的产品。

总之，敏感肌肤的护肤重点就是三大点：远离过敏成分、及时修复过敏现象、提升肤质让肌肤不再容易过敏。

生活中有一类人可以称为“林黛玉体”，倒不是因为其娇美的容颜，而是因为其易过敏的体质。这种体质在皮肤疾病上表现得尤为明显，如过敏性皮炎、荨麻疹、湿疹等，这些问题常与过敏性鼻炎、过敏性哮喘等同时出现。现代医学对这类过敏性疾病手段不多，疗效也不尽如人意，抗过敏药、激素类药物最多只能暂时缓解症状，长期、不规律地服用还有明显的副作用，女性，尤其是育龄期女性更不适宜长期服用。

其实，这一类的肌肤敏感问题与肺功能失调有密切关系。有些朋友可能“丈二和尚摸不着头脑”，这皮肤的问题怎么又和肺联系上了？肺不是管呼吸的吗？没错，在中医学来说，肺不仅主管呼吸，还主管皮毛，所谓“肺司呼吸、主皮毛”，皮肤过敏多是由于肺失宣降、腠理不固所致。同样，肌肤敏感的人往往会伴有过敏性鼻炎、过敏性哮喘也是因为“肺开窍于鼻”“肺气不利则咳”的结果，这都是中医学整体观念能够看到的联系。

所以，既然肺的问题引起了肌肤的问题，我们在肺经上治疗就可以了。人体的锁骨处正是手太阴肺经循行部位，按摩此处，具有宣肺理气、益气固表、缓解过敏症状的作用，可以有效改善肌肤敏感问题。按摩时在两侧锁骨外侧端下缘的三角窝中寻找压痛点，用力按摩，以有酸胀感觉为好，每次5分钟，每日早、中、晚各一次。也可以在过敏症状加重时用力按摩。

中医说

Part 2

精致五官的重塑改造

我们更细致地讲述五官容易出现的问题，
给出针对性的解决方案，
还有苹果肌、法令纹与颈部的护理方法。
对于面部的整体轮廓，
教大家用彩妆术来塑造出精致完美的立体五官。

step 1
眼部的重塑与改造

中国有句古话："眼睛是心灵的窗户。"透过这扇窗可以看清一个人的善与恶、喜与悲，包括其身体健康状况及实际年龄。健康的双眸应该是神采飞扬并且充满魅力的，一个眼神、一个回眸都能成为别人关注的焦点。

黑眼圈

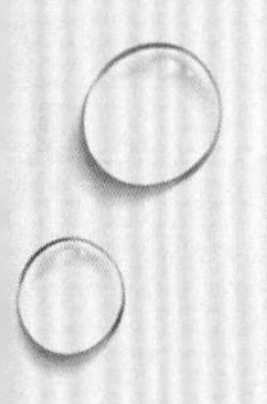

睡眠不足、过度疲劳、清洁不彻底等都是引起黑眼圈问题的罪魁祸首，眼部色素沉淀困扰着无数人。黑眼圈问题到底应该怎么办？想必大家也是众说纷纭。其中最为简单的一个办法就是保证每天7～8小时的充足睡眠，夜间22点至凌晨2点是身体新陈代谢及排毒的最佳时间段，所以充足的睡眠对于常年被黑眼圈困扰的人是非常有帮助的。

★天生黑眼圈

中医说

★ 按压四白穴

所谓“四白穴”，就是“四方明亮”之意，通过对四白穴进行按摩，可以缓解眼部肌肉疲劳，消除黑眼圈。当你两眼平视前方时，瞳孔下一寸处的颧骨弓凹陷中，也就是眼眶下缘正中直下一横指处就是四白穴。

双手的食指略微用力进行按压，每次持续按压3秒，10次为1组。早、中、晚各一组。

中医说

★熬夜黑眼圈

保养重点：眼部按摩

随着市面上的产品越来越丰富，品种越来越多，在购物时也有了很大的空间选择。现在你不必再为了担心没有时间保养肌肤而忧心忡忡了，给大家推荐几款护眼神器。

产品推荐：

兰蔻小黑瓶大眼精华

欧莱雅青春密码眼部精华肌底液

塔莉卡光魅萃白导入仪

中医说

薄荷菊花茶

中医讲“夜卧则血归于肝”，熬夜影响阴血滋养肝木。肝为将军之官，上连巅项目系，所以熬夜后除了会产生黑眼圈还常会出现急躁易怒、头晕头痛、眼睛布满红血丝等肝火症状。《黄帝内经》记载：久视伤血。长时间盯着电脑、手机，也会加重黑眼圈。苏医生建议，用眼过度后，饮食中要经常有针对性地吃些猪肝、鸡肝、羊肝等动物肝脏，或者吃些牛肉、胡萝卜、菠菜等富含维生素的食物。此外，鹌鹑蛋、鲍鱼、桑葚、枸杞都是养血明目佳品，可以每周吃1~2次。

薄荷

菊花

针对熬夜引起的黑眼圈，除了减少熬夜还可以取干薄荷8克（鲜品10克）、白菊花12克，以沸水300毫升冲泡，加盖焖10分钟即可饮用，每日1剂。薄荷辛凉，除了具有疏风解表的作用外，还有疏肝解郁的功效。菊花更是耳熟能详的养肝良药，与薄荷同用，可以起到清利头目、开窍明目、舒缓压力、消除黑眼圈的作用。

★卸妆不彻底导致的黑眼圈

还有一个引起黑眼圈的终极杀手，那就是眼妆残留。相信很多人都会惊讶地问：“卸妆不彻底，真的会引起黑眼圈吗？”答案当然是肯定的！卸妆原本没有错，问题在于卸妆是否够彻底，很多人为了图方便，直接使用面部的卸妆产品卸除眼部彩妆。实质上眼部彩妆大多数是由油色调配而成的，截至目前，市面上还未有一个彩妆品牌公开声明说自己的眼部彩妆产品是不需要使用专业眼部卸妆产品就可以卸除的，其中包含睫毛膏、眼线笔、眼线液、眼线膏。长时间累积，眼部就会形成色素沉淀，严重的还会长斑。

★ 重点一：眼部遮瑕

改善黑眼圈是一个漫长而艰辛的过程，即使再好的保养产品也是需要一定时间的累积才能够慢慢被改善的，所以除了保养以外，我们也可以借助眼部遮瑕产品来解决面子的问题。

步骤

step 1	用遮瑕刷蘸取一点点橘色遮瑕膏，因为橘色能中和黑眼圈黯沉的颜色，可以做到轻薄、完美遮瑕的同时防止因为遮瑕品过厚而造成的眼周干纹。先以快速点涂的方式，将黑眼圈大致遮盖
step 2	用一支柔软的细节遮瑕刷，将遮瑕膏充分推匀，再用手指轻轻点压，手指的温度能够使遮瑕膏与肌肤充分融合
step 3	扫上一层薄薄的散粉定妆，使妆效更加持久伏贴

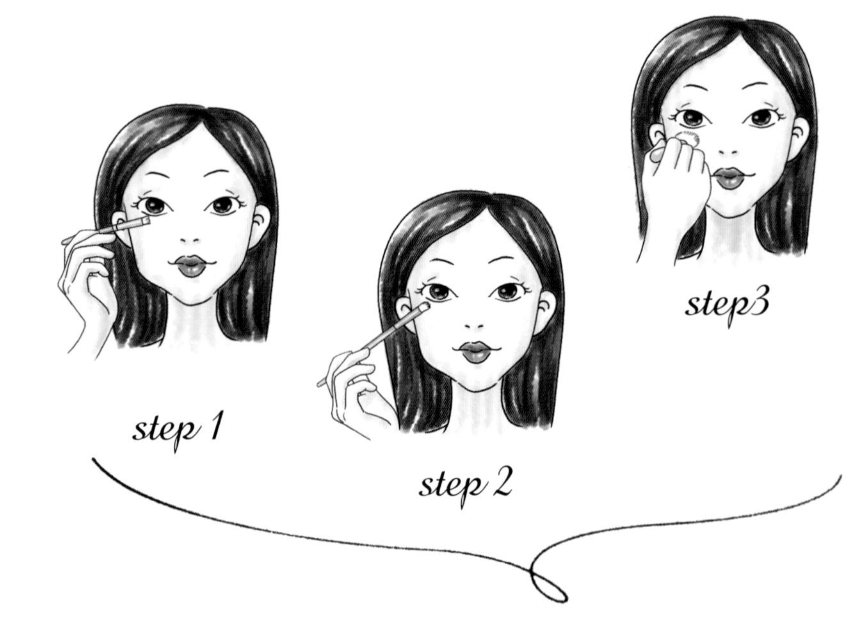

Tips 眼部遮瑕有序可循

在进行眼部遮瑕之前，一定要确保眼部肌肤的滋润，因为遮瑕产品大部分都比较干。另外，遮瑕应该用在粉底之后，遮瑕膏的使用量不要太多，否则会造成厚厚的、眼部水肿的感觉。

产品推荐：

兰蔻清滢眼部卸妆水

倩碧匀净去黑眼圈眼霜

IPSA纯美无瑕修饰遮瑕膏

MAKE UP FOR EVER 清晰无痕蜜粉

★ 重点二——眼部卸妆

眼部卸妆不彻底、彩妆品残余会造成色素沉淀。除此之外，不正确的卸妆手法也是造成黑眼圈加深的原因。卸眼妆时如果总是大力摩擦，就会损伤表皮基底层黑素细胞，引发色素沉淀。

卸眼妆时，应该选择眼部专用的卸妆油或卸妆液，浸满整张化妆棉，放在眼睛上敷一会儿，待眼线与睫毛膏充分溶解后，再轻轻擦拭。然后，再取一张化妆棉，将其对折放在眼下，用一根浸湿卸妆液的棉棒仔细清除残余的眼妆。注意用力一定要轻，要给自己一点耐心哦。最后，可以再用一张化妆棉湿敷一下，取下来后，如果看不到彩妆品的残留，便意味着你的眼妆彻底卸干净了。

★ 重点三——敷眼膜

每周坚持1～2次使用眼贴膜是非常有必要的，不仅如此，配合使用眼霜可以达到1+1=2的去黑眼圈功效。

眼部按摩小方法

step 1	用无名指蘸取眼霜，配合大拇指的揉搓将眼霜乳化完全并产生温度，然后从内眼角开始往外沿着眼睛轮廓画圈圈。注意力道要轻，并且要向一个方向按摩，不要来回涂抹
step 2	在画圈的基础上加入点按的动作，即在移到相应的穴位上时将无名指稍作停留，略微施力按压。需要点按的穴位有：睛明穴、四白穴、瞳子髎穴、太阳穴。每个穴位的点按时间在5秒钟左右即可，重复3遍
step 3	中指和无名指放于眉心，沿着眉骨轻按眼眶，舒缓眼部组织。再用拇指外的四根手指轻轻按住眼睛，让眼睛感受手指的温度，促进眼部血液循环，使眼睛得到彻底的放松

★病症黑眼圈

中医说

★ 黑眼圈竟然提示妇科病?

大熊猫是国宝，黑黑的眼圈惹人爱，不过放在人身上，要是出现了黑眼圈，那就不可爱喽！大多数人都认为黑眼圈是因为熬夜、疲劳引起的，休息休息就能缓解，但需要提醒大家，黑眼圈还是妇科疾病的标志。

中医认为，人的气血盛衰及脏腑变化常在面部有所反映。女性只有气血充足，才能肌肤红润，面有光泽，体形健美。气血正常，女性就能保持健康美丽；如果因久病失养、房事过度、情志不舒等引起气血运行失常，就会导致月经不调、子宫肌瘤、盆腔炎以及一些卵巢疾病，在面部则会出现黑眼圈。

不过大家也不用紧张，黑眼圈的问题可以通过调理气血来解决。而且药补不如食补，吃药大家总觉得口味不好，但那些既能入药又能食用的正是女性朋友们的最爱。到底有哪些好吃又补养气血的好东西呢？阿胶、大枣、黑芝麻、胡桃肉、龙眼、猪肝、红糖、红小豆等都是很好的补血食品。其中，特别建议女性平时适量服用阿胶，不仅可以补血养血、改善黑眼圈，还可以改善妇科疾病。

下面，我们来说一说阿胶这味药。相信国人几乎没有不知道阿胶的，也都知道阿胶是补血的佳品。在最早的“中药学教材”《神农本草经》中，阿胶就名列其中，并位居上品。所谓“上品”，多是无毒，多服、久服不伤人的药物，阿胶就被称为“久服轻身益气”。而明代的李时珍在《本草纲目》中甚至称其为妇科圣药，可“和血滋阴，除风润燥”。用上述的一些食养的药材，为大家推荐一款食疗佳品。

阿胶

中医说

取去核红枣200克，胡桃肉、丹参、桂圆肉各60克，阿胶、冰糖各100克，黄酒200毫升。先将红枣、胡桃肉、丹参、桂圆肉研成细末；阿胶浸于黄酒中两天，然后与酒置于陶瓷容器中隔水蒸至阿胶完全融化，再加入红枣、胡桃肉、丹参、桂圆肉细末，搅拌均匀，加入冰糖融化即可。每日早晚各服10克，除了可以防治月经不调，改善黑眼圈，还能养血益肾、活血润肤。

此外，还有一些小妙招来改善黑眼圈：

按摩

在大拇指背侧有三个明目、去黑眼圈效果卓越的“经外奇穴”，分别是明眼穴、凤眼穴和大空骨穴（位置详见配图）。用一手拇指和食指夹住另一只手的拇指，以指甲分别对这三个穴位进行按揉，以略微感到疼痛的力度为好，每次3～5分钟。

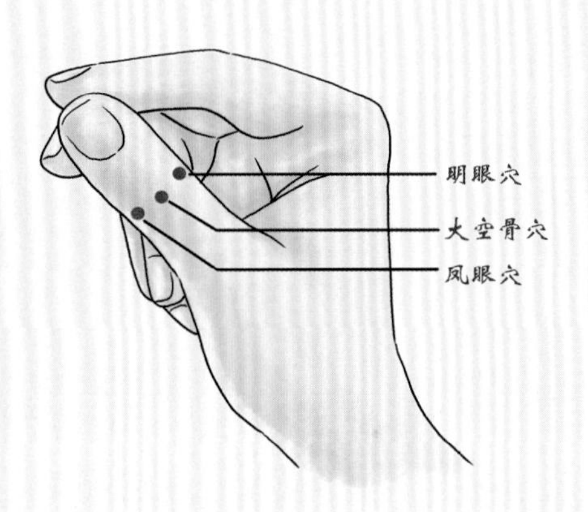

冰敷

用小方巾浸透冰水，拧至八成干，折叠成长条形置于眼皮上，也能很快消除黑眼圈。感冒及生理期禁用。

眼袋

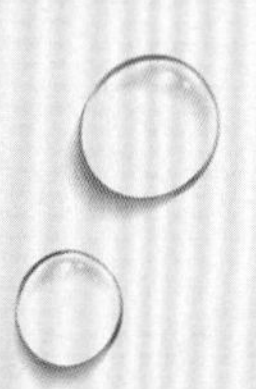

日常护理过程中我们时常会发现眼部不单单只是黑眼圈的问题，黑眼圈产生的同时还会出现其他各种各样的问题。其中还包括眼部水肿、眼袋、卧蚕、皱纹等眼部肌肤问题，然而对于这些问题大家在辨识度上还是会出现相应的偏差。当然，也不用太担心，下面就为大家传授一些简单的肉眼辨识方法。首先，我们要正视眼部出现的任何一个问题，当然，学习的过程是漫长的，相信大家通过不懈的努力一定可以从中学到不少对自己更为实用的护肤保养知识。

眼袋是由于长时间未得到充足的睡眠及眼部过于疲劳、年龄自然增长而引起的眼部肌肤松弛、水肿现象，这种情况大多出现在25岁以上轻熟龄肌肤人群，通常和黑眼圈同时出现。

眼部水肿一般可分为两类，第一类是由于入睡前饮入过量的水分，身体自然代谢不畅而引起的水肿现象，另外一类则是由于睡眠不足、失眠等问题而引起的眼部水肿，以上情况通过肉眼很难识别，所以在挑选保养品的时候更应该注意产品本身的功效。

Tips **卧蚕与眼袋有什么不同?**

卧蚕与眼袋最大的区别在于它通常是因为下眼睑脂肪堆积而引起的肌肤不平整，一般情况下只有通过整形才能够将它祛除，还有部分人天生就带有卧蚕，所以对于这个问题大家一定要正确对待。

眼尾纹

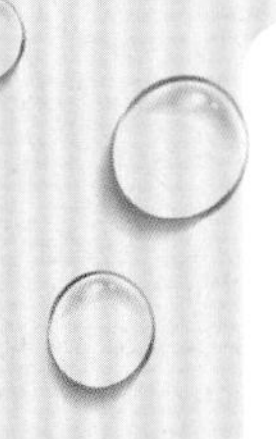

眼尾纹又被称之为鱼尾纹，通常是由于年龄的自然增长而引起的眼部细纹。形成初期稍不注意就会形成眼部皱纹，然而随着细纹的加深，想要祛除就会变得越来越难，在鱼尾纹形成的初期相对而言是比较容易预防及改善的，所以当眼部出现这个问题的时候我们绝对不能忽视它的存在！针对不同的问题，在挑选产品的时候就要特别注意。当然，除了自然形成外，遗传、日常习惯外一般的皱纹都是可以通过使用产品逐渐改善的。

中医说

热鸡蛋按摩法

将鸡蛋煮熟后去壳，用小毛巾包裹住，合上双眼用鸡蛋按摩眼睛四周，可加快血液循环，消除眼袋。

敷茶包

将浸泡过的茶包冷藏，然后敷在眼袋位置，让茶叶发挥其舒缓作用。茶可加速脂肪分解，利水排毒，消除眼周水肿和黯沉，收敛紧致，保持肌肤水润柔滑，增加肌肤弹性。

★初老

★ 成因

很多书上都说，女性在25岁之后眼尾会出现第一道皱纹，其实这种说法是不确切的，因为有的人可能更早地发现眼睛已经长出了细纹。对于二十几岁的女生来说，如果出现了这种症状，说明你已经进入了初老的状态。此时肌肤的角质细胞代谢开始变慢，皮下脂肪组织逐渐流失，便形成了第一道皱纹。

★ 解决办法

对于初老眼纹，最佳的解决办法就是及时使用深层修护的抗初老眼霜，防止皱纹进一步发展。眼部肌肤的皮脂腺分布少，容易干燥缺水，这也是造成初老皱纹的原因之一，要做好补水工作，同时配合眼部专用的防晒产品，防止紫外线造成的光老化，这些都是能够缓解皱纹加深、增多的保养办法。

产品推荐：

HR赫莲娜极致之美修护眼霜

推荐理由：

对付眼部初老要尤为小心，滋养过度、吸收不畅都会造成出现尴尬的脂肪粒现象！此款菁华眼霜超渗透，不止于肌肤表层，精准直达真皮深层，强力击退眼部干纹、细纹问题，提升眼部紧实度。更特别添加针对眼部的活性成分，如黑麦醋、咖啡因及玻色因等，有效消除眼袋、黑眼圈，淡化瑕疵。全新质地如初雪般，绵密盈润，融于无形，护理同时不用再担心长出讨厌的脂肪粒。配合适当的眼部按摩，让眼部肌肤更紧致、更强韧。

★衰老

★ 成因

随着年龄的增长，皮肤细胞新陈代谢越来越慢，肌肤内部胶原纤维大量流失，尤其是皮下脂肪本来就薄弱的眼部肌肤，肌肤失去了纤维脂肪的支撑便开始下垂，失去弹性而形成皱纹。

★ 解决方法

对于衰老型的眼部皱纹，需要使用能够作用于肌底层的、深度除皱的眼部产品。维生素A酸是公认的能够抗衰老的成分，但是它的副作用很大，容易发生刺激过敏反应，怀孕和备孕的女士不宜使用。胜肽、生长因子、果酸也是很好的抗老成分。当然，更加见效的方式是用医学美容方式来祛除眼部皱纹，针对较为明显的凹陷皱纹，可以采取玻尿酸填充的办法；针对纤维流失的深层皱纹，可以注射肉毒来紧致除皱；还可以用电波拉皮刺激胶原蛋白的生长，对松弛型的皱纹非常有效。

中医说

秘制面膜

去皱美颜粉

材料：当归、丹参、麦冬、人参、三七各10克。

做法：上述材料研成细粉，装瓶备用。取3克药粉加入蜂蜜或鸡蛋清（油性肌肤可以只加水），调成糊状，用面膜刷均匀涂于面部或眼角局部，15分钟后洗净。每周使用两次。

功效：当归、丹参、三七养血活血、化瘀祛斑；麦冬、人参补气生津、润肤抗老。诸药合用，可以滋养肌肤、润肤去皱、美白淡斑，使肌肤光滑有弹性。适用于肌肤松弛、粗糙、起皱纹、面色晦暗、脸上有斑点的女士。

中医说

★ 祛皱操

步骤

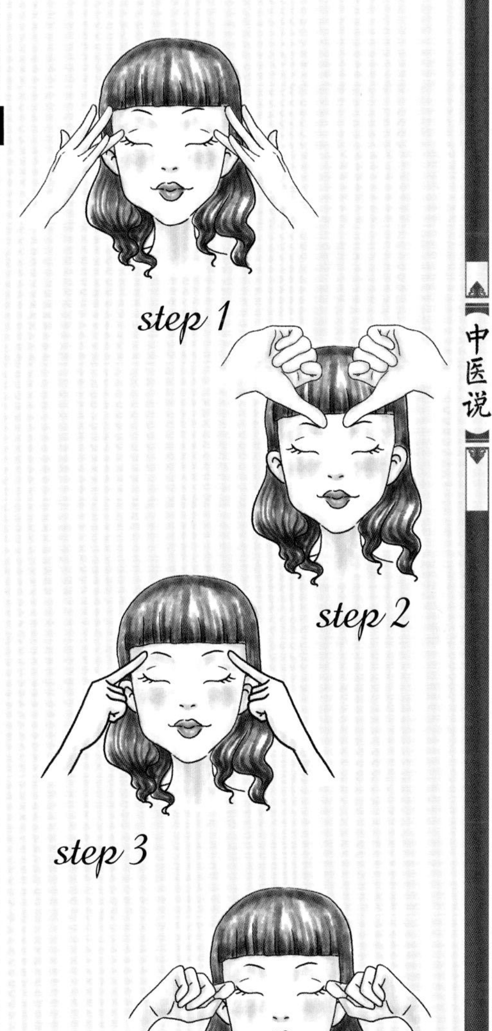

step 1	**拉眼角纹：**涂上眼霜后，用无名指自内眼睑开始从内向外按摩。涂抹的力度一定要轻柔，因为眼睛周围是肌肤中最脆弱的部分，过重的拉扯反而会造成松弛
step 2	**点按攒竹穴：**双手握拳并反转，用大拇指点按攒竹穴，按下后保持1～2秒再松开。然后以攒竹穴为起点，弯曲手指用食指关节慢慢由眉峰开始按压到眉尾，沿此线路反复推摩。点按攒竹穴能让因疲劳而下垂的眼睑也得到提拉
step 3	**按揉丝竹空穴：**食指轻轻按揉眉梢凹陷处的丝竹空穴，向下延伸至耳门穴，沿此线路反复推摩2～3次。按摩疏通三焦经，祛皱效果明显
step 4	**按摩瞳子髎穴：**弯曲食指，用指关节点按瞳子髎穴（眼睛外侧一厘米处）。以瞳子髎穴为基点轻轻向外按揉，能帮助促进眼部血液循环，有利于消灭小细纹

中医说

眼神黯淡

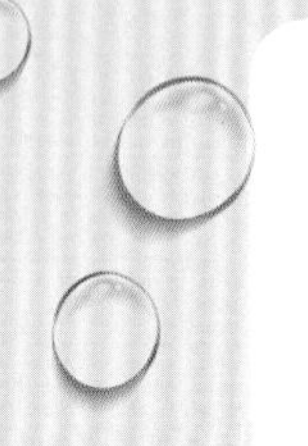

★为什么看起来没有精神

很多女生眼睛看上去总是非常黯淡，没有光泽，感觉整个人都无精打采的样子，这种现象尤其在隐形眼镜族中特别常见。这是因为常年佩戴隐形眼镜，让眼睛对外界刺激的抵抗力下降，再加上一些不正确的习惯，比如总是用手搓眼睛、佩戴隐形眼镜时间过长、长期面对电脑和手机、用眼过度等，都会让眼角膜受损，从而失去应有的神采。

★从每一个细节入手

隐形眼镜族要养成良好的佩戴习惯。如果是经常需要面对电脑的上班族，可以准备一瓶人工泪液，在眼睛感到干涩不适时滴几滴，让眼睛保持湿润，以防隐形眼镜片过于干燥而刮伤眼角膜。尽量减少佩戴时间，回到家后要及时将其取下，取戴时一定要保持手部干净。还可以口服叶黄素、花青素、维生素A或B族维生素等补充剂，都能起到预防眼干、缓解眼部疲劳、明目的作用。

Tips **小细节预防眼神黯淡**

有一些不戴眼镜的人也会有眼神黯淡的现象，这可能是因为卸妆不彻底引起的。在卸除眼妆时，眼线膏或者睫毛膏的残渣很有可能会进入到眼睛里，久而久之就会使眼睛失去原有的光彩。因此，推荐经常化妆的女生应该准备一瓶专业的、温和的洗眼液，在卸完眼妆之后用洗眼液来彻底冲洗掉可能掉落在眼睛里的残留彩妆。

电子产品的问世给我们的生活带来了极大的方便，也夺去了人们眼睛的健康。“久视伤血”，这是在《黄帝内经》中就明确提到的，就算能用隐形眼镜改变近视的外观，能用美瞳使眼睛变得有神采，但“伤血”的问题得不到解决，眼睛的情况只会越来越差。

我们在日常生活中要注意用眼卫生，同时要注意及时补血，以保证眼睛的健康。“久视伤血”，其实伤的是肝血。众所周知，眼睛与五脏中肝的联系最为紧密。这是因为肝开窍于目，肝又具有贮藏血液和调节血量的功能，血液供应充沛，双眼才能视物清晰。如果过度用眼，也会导致肝血亏虚，双眼得不到肝血滋养，就会出现眼干涩、看东西模糊、眼神无光等症状。所以我们需要滋养肝血以明目的方子。

桑叶

决明子

取桑叶6克，决明子6克，用沸水冲泡，代茶饮用，每日1～2剂。其中，桑叶具有疏风清热、养肝明目的功效。决明子是大家熟悉的降脂减肥药，但是古代它还有个响亮的名字：还瞳子，意为还给你一个崭新的瞳仁，可见它有极好的明目作用。《神农本草经》将决明子列为上品，谓其“主青盲、目淫、肤赤、白膜、眼赤通、泪出。久服益精光，轻身”，可见其对眼睛有非常好的功效。两者合用，对用眼过度伴有头晕目赤、大便秘结者最为适宜。

step 2
苹果肌的重塑与改造

找对苹果肌

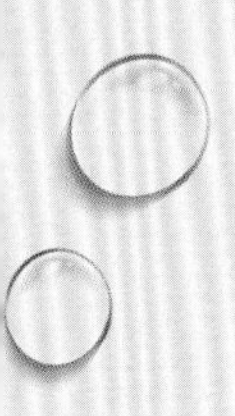

眼睛下方二厘米处的肌肉组织，呈倒三角形状，又称为“笑肌”，除了拥有精致的五官外，漂亮的苹果肌也可以令个人魅力增值。

重塑苹果肌的方法

伪装技巧——精致彩妆	
step 1	需要找准苹果肌的准确部位，很多人认为颧骨处就是苹果肌，其实真正的苹果肌位于颧骨的下方一点点。用一支大的腮红刷蘸取适量腮红，轻轻地大面积扫在这个区域上
step 2	换一支舌形刷，在苹果肌的中央区域用画圈圈的手法再扫一遍腮红
step 3	加一点点高光粉在苹果肌的顶点，使苹果肌看上去丰润、有立体感

产品推荐：
MAKE UP FOR EVER
清晰无痕腮红

每一个人身上都有几个美容养颜的大穴，只要用对它们，不管岁月怎么流逝，你的苹果肌依旧水润丰盈。

★ 足三里

可以说，女人养颜离不开足三里。常说“脾胃为后天之本”，通俗一点说就是人生下来要活着就要靠肚子里的食物和水，而这两者都要经过脾胃才能转化为营养供应全身。脾胃功能出问题，就像食品加工厂无法工作，供应的食物不足，自然周边的生物就要挨饿。人体营养不足，肌肤就会随即出现问题，容颜憔悴、苹果肌黯淡无华也就不足为奇了。这时，足三里就该发挥作用了。该穴位是足阳明胃经乃至全身都很重要的穴位之一，常用于治疗脾胃疾病。凡是由于脾胃功能不足引起的肌肤问题，都可以按摩足三里穴来调理。

足三里在哪里呢？坐端正，大小腿间自然呈直角，用自己的手掌按在同侧的膝盖上，虎口围住膝盖上缘，除大拇指外的其余四指朝下，食指按住膝盖下的胫骨，中指尖处就是足三里。

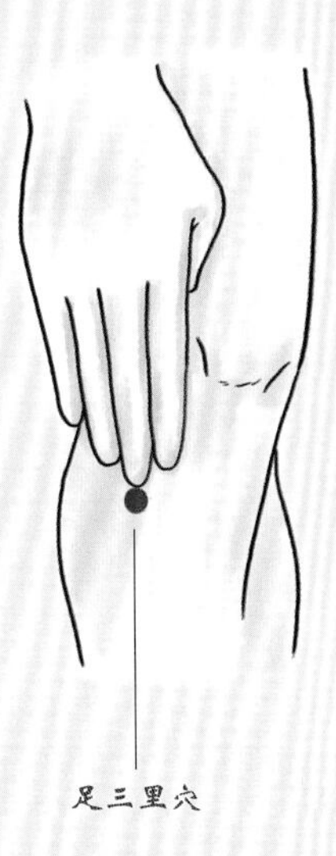

这个穴位非常好用，只要手空闲的时候按揉就可以了，不用在意按摩的手法和次数。另外也可用艾灸。将艾条点燃，点燃的一端对着足三里，距离皮肤3厘米左右，以该处皮肤感到温热为度，每次艾灸时间约15分钟，可以经常艾灸。

★ 血海

听听这穴位的名字就知道它能治疗的疾病一定和血液有关，没错，该穴位是脾经上的大穴，是阴血所汇集之处，统治各种与血相关的病症。女子一生以血为本，想要苹果肌水润充盈、面若桃花，血不可不养！血海就是个养血补血的“明星穴”，其养血补血效果自不待言。

血海在哪里呢？往大腿内侧找，髌底内侧端上2厘米。取穴时，正坐、仰卧都可以，用力伸直大腿和小腿，在膝盖侧会出现一个凹陷的地方，在凹陷的上方有一块隆起的肌肉，肌肉的中点就是血海穴。

自我按摩血海穴是最简单的方法，没事的时候经常揉按就可以了。也可以像足三里穴一样，每天艾灸15分钟。

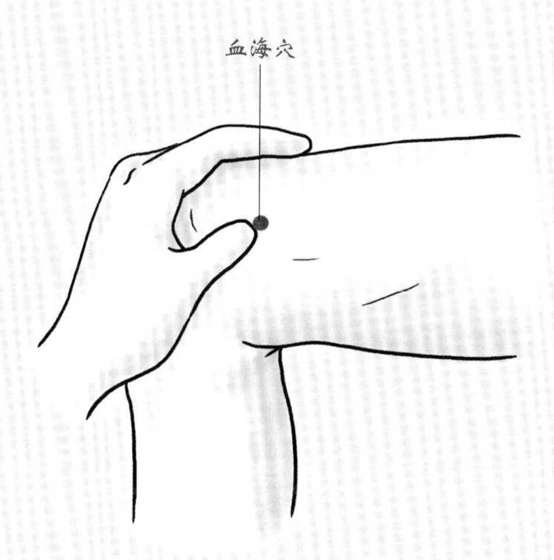

中医说

中医说

step 3

鼻部的重塑与改造

从传统的审美角度来看面部五官，一个标准的鼻形一定要满足“三庭五眼”的条件。

来看看标准的鼻形

鼻梁

鼻梁不能歪曲，同时鼻梁上不能有斑点。

鼻翼

鼻翼圆而内收更具美感，相反，如果鼻翼平宽且外张的话，会影响面部整体的立体感。

鼻形

鼻形要直，没有突起、歪斜，山根挺拔，鼻梁一直延伸到两眼之间。

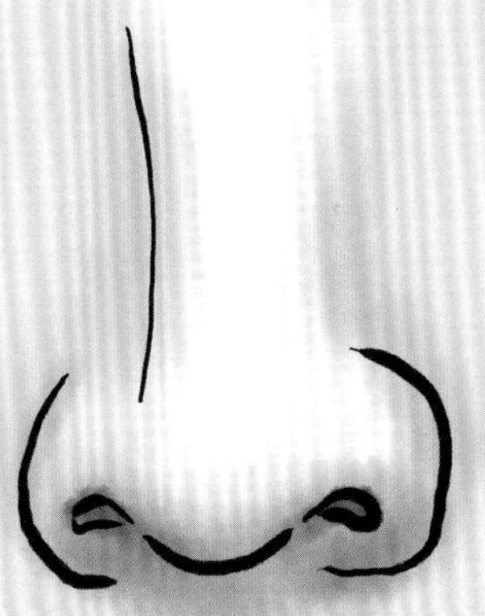

鼻头

鼻头要圆厚、有肉。

鼻孔

标准鼻形的鼻孔应比较小并且不能外露。

重塑鼻子的方法

伪装技巧——阴影粉&高光

step 1 用鼻影刷蘸取适量阴影粉，从眉头开始顺着鼻梁两侧往下刷，注意要保持手部力道的垂直

step 2 在眉毛中心到笔尖的鼻梁区域扫上高光粉。制造出立体、挺直的效果

step 3 在鼻孔上方、鼻头的两侧刷一点点阴影粉，修饰出完美的鼻头形状

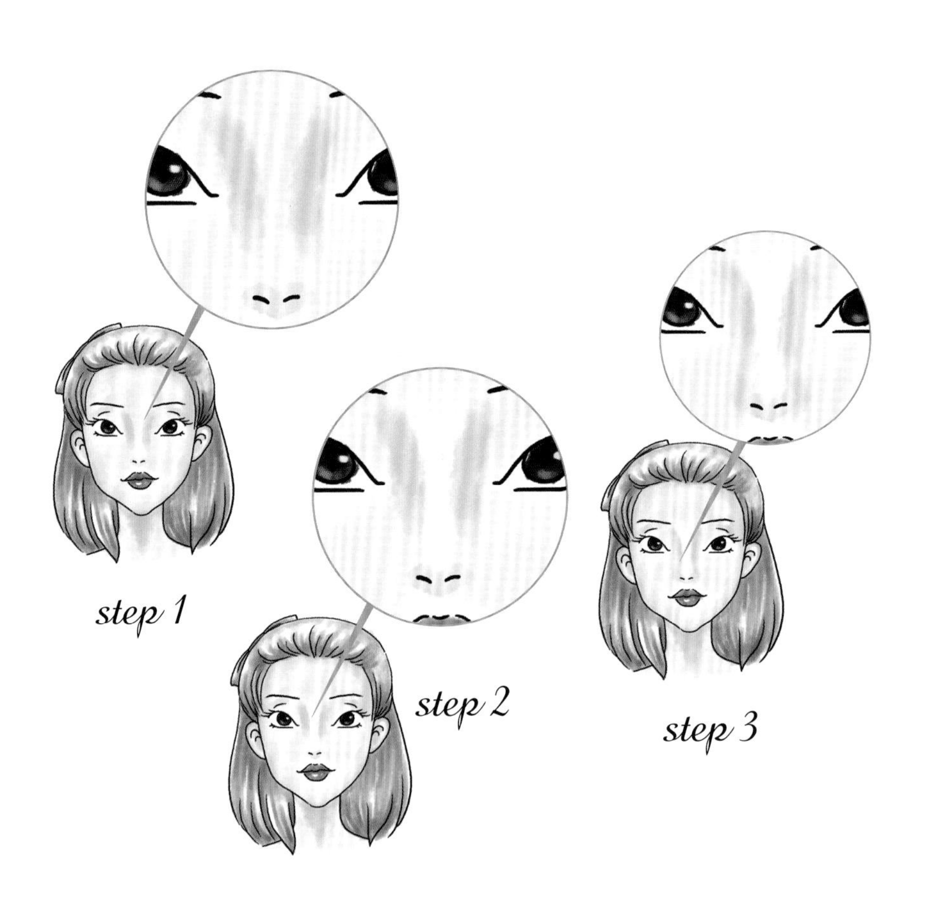

产品推荐：

阿玛尼清透修容饼

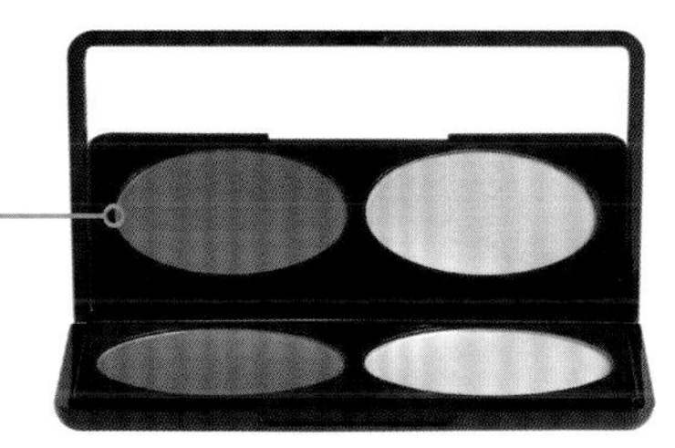

MAKE UP FOR EVER双色修容饼

BOBBI BROWN飞霞粉饼

很多对自己鼻形不满意的女孩，只要在化妆时懂得明暗关系的处理，在需要凸起的地方用浅色提亮，需要收缩的地方用亚光加色来晕染就可以了，同样能起到塑造完美鼻形的效果。

step 4
法令纹的重塑与改造

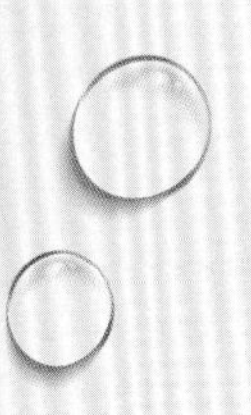

人体的种种衰老迹象可以不加修饰地揭露一个人的实际年龄，然而皱纹的产生无疑是困扰女性的一件大事。法令纹是什么？法令纹是位于鼻翼边延伸而下的两道纹路，肌肤老化松弛和表情变化是法令纹形成的两大重要因素。

产生法令纹的主要原因

★肌肤老化松弛

随着年龄的增长，法令纹渐渐出现并且日益加深，这是因为随着肌肤里的胶原蛋白与水分含量加速流失，皮下脂肪开始萎缩下垂，在肌肤表面造成松弛和老化的痕迹，形成肌肤表面上的凹陷，产生了法令纹。必须要及时做好抗老、紧致的保养工作，防止法令纹继续加深。

★面部表情过于丰富

面部表情过于丰富也是导致法令纹产生或加深的原因之一，例如说话时爱挤眉弄眼、经常大笑。有一些人的法令纹到了嘴角处还在往下延伸，可能是因为平时太爱抿嘴瘪嘴了。虽然不至于整日扮“僵尸脸”，但还是应该要适当注意自己的表情。

预防及改善法令纹的方法

通过按摩是可以减淡法令纹的，来看看推荐给大家的五招改善法令纹的方法吧。

方法	
step 1	双手握拳，用手指的第一关节处贴住下巴，顺着脸颊的弧线往上提拉按摩，一直到太阳穴处停留5秒钟。重复5次
step 2	双手握拳，用手指的第2关节处贴住下巴，顺着脸颊的弧线往上提拉按摩，一直到太阳穴处停留5秒钟。重复5次
step 3	用双手除大拇指外的四根手指，从一侧的法令纹处推动肌肉，两手交替向太阳穴处提拉，重复10次后换另一侧
step 4	用无名指指腹轻轻按压位于鼻翼两端的迎香穴和嘴角旁边的地仓穴，刺激面部肌肉，带动血液循环
step 5	中指放在法令纹处，稍稍用力带动肌肉向脸颊两旁推开，一直到耳垂处再向下推到锁骨的淋巴部位，帮助毒素排出，结束一整套按摩步骤

Tips

在做消除按摩之前，要先涂好按摩油或面霜，以防拉扯出面部细纹来。按摩的效果可不是一天就能见效的，需要持之以恒，在此提醒大家千万不要偷懒哦。

每周试着吃一两天双豆鸡翅汤，可以补充雌性激素和胶原蛋白，令肌肤弹性十足，击退法令纹。

秘制药膳

双豆鸡翅汤

材料：黄豆、青豆各20克，鸡翅250克，盐、味精、料酒、葱段、姜片、八角各适量。

做法：1.将黄豆、青豆用清水泡发。
2.烧水，加入少量料酒将鸡翅焯一下。
3.将葱段、姜片、八角与青豆、黄豆、鸡翅一起放入砂锅，加入适量清水，用小火炖熟，最后用盐、味精调味。

功效：黄豆和青豆不仅富含蛋白质、卵磷脂，还含有植物雌激素，这种异黄酮类物质能有效提高体内雌激素的水平，从而使女性更添青春美感。《本草纲目》称这两种豆类具有“令面光泽”的功效。而且现代研究发现，黄豆和青豆表皮含有丰富的维生素A原，这种物质可在体内转化为维生素A，而维生素A具有润泽舒展肌肤的功能。因此，黄豆和青豆用清水浸泡时不要将外皮除去。不少人只知道猪蹄是美容佳品，却不知道鸡翅中也含有大量胶原蛋白，而且蛋白质含量要高于猪蹄，与黄豆、青豆同食，对增加肌肤弹性、滋润肌肤十分有益。鸡翅应该选用翅中，而不要选择胶原蛋白含量较低的翅根部位。

中医说

step 5

唇部的重塑与改造

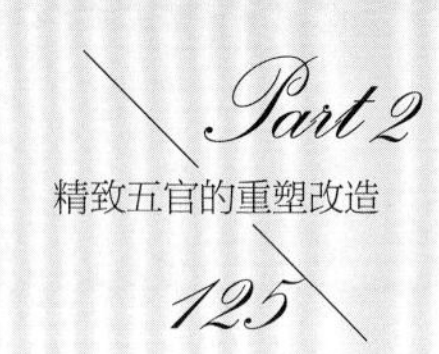

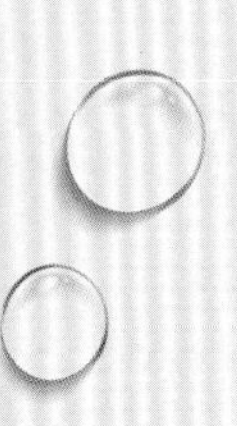

双唇的魅力不仅只局限于涂抹某品牌的唇膏，即便是两个涂抹同一品牌口红的女人，给人的视觉审美也是相差甚远的，所以唇好不好看关键还在于唇形。

测试你的完美唇形

拥有完美的唇形是每个女生都梦寐以求的。鉴定唇形好不好看可以从以下几个方面来衡量：唇部轮廓、上下嘴唇比例、人中清晰度、唇色、饱满度以及唇纹。

重塑唇部的方法

通过彩妆能够做到使薄唇变厚、厚唇变薄、改变唇色、让嘴唇变立体的效果。

伪装技巧——彩妆塑唇	
step 1	先用唇部遮瑕膏弱化整个唇部边缘轮廓与唇色
step 2	用一支唇线笔，轻轻描绘出你想要的唇部廓形，想要丰厚一点的效果，可以在原有的唇线基础上稍稍往外扩大1～2毫米。反之，想要嘴唇变薄一点，则可比原有的唇线范围稍小一圈。在唇弓、唇角等细节角落，可以按照你想要的形状细细描绘好
step 3	用唇刷蘸取口红，轻轻涂满画好的唇线内部区域。推荐用唇刷上妆的原因是可以仔细描绘唇角等细节的角落，更好地塑造出完美唇形
step 4	用唇刷蘸取一点点透明的唇蜜，点涂在嘴唇中央。最后轻轻抿一下嘴唇，一个精致立体的唇妆就完成啦

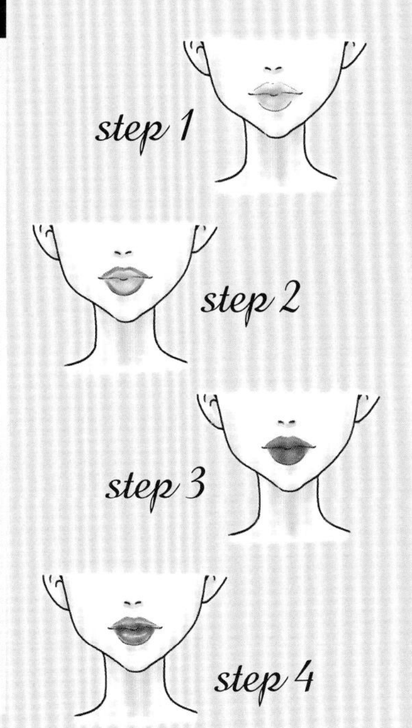

水润双唇是女性魅力的最佳体现，也是健康状况的晴雨表。秋冬季天气干燥，往往会感觉嘴唇干干的，有些人还会出现嘴唇干裂、脱屑、出血、疼痛等症状，说话和吃饭都会受到影响。其实这是干燥型唇炎，与干燥以及降温有关。另外，有些女性喜欢舔唇或咬唇，这些不良习惯也会引起唇炎的发生。我们可以用以下养阴润燥的药膳来调理，令双唇鲜活动人。

秘制茶饮

沙参乌梅汤

材料：北沙参10克，桔梗3克，乌梅5枚。

做法：将上述材料放入砂锅中，加水400毫升煎煮20分钟，然后去渣取汁，当茶频饮，每日1剂，连续3天。

北沙参

乌梅

桔梗

秘制药膳

二冬百合膏

材料：百合、天冬、麦冬各100克。

做法：将3种材料洗净，加水1000毫升大火煮开，文火煎煮半小时，去渣，然后将蜂蜜100毫升倒入锅中，边倒边搅，至浓稠，待冷却成膏，装瓶冷藏备用。每日早晚各取15克，用白开水冲服。

秘制药膳

百合蒸梨

材料：梨1个，冰糖5克，百合10克。

做法：将梨去核，纳入冰糖和泡软的百合，上蒸锅蒸熟，吃梨和百合，早晚各1次，连续吃3天。

秘制药膳

胡萝卜麦冬粥

材料：胡萝卜1根，麦冬10克，粳米50克，植物油适量。

做法：将胡萝卜洗净后切成丝，用植物油煸炒，然后加入麦冬、粳米和适量水煮粥。1天分两次吃完，连续吃3天即可。

中医说

step 6
颈部的重塑与改造

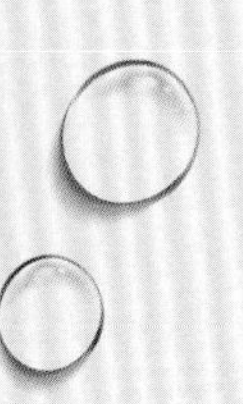

要想猜一个人的实际年龄除了观察他的精、气、神以外，观察手部及颈部的肌肤老化程度也是揭露其实际年龄的最佳方法。如果说手是女人的第二张脸，那么颈部则是女人的第三张脸，它会随着人体的自然衰老而逐渐老化。

重塑颈部的方法

伪装技巧——颈部按摩	
step 1	按摩之前，先在手心里倒适量按摩油，双手搓热，用除大拇指外的四根手指，从锁骨处轻轻推动颈部肌肤向上提拉，两手交替配合。推完一个部位换另外一个部位，每个动作重复10次
step 2	跟第一个动作差不多，用双手四指抵在下巴处，带动肌肤向下推，记得脖子后面的肌肤也要顾及
step 3	先把头部向左倾，左手四指放在右耳下方，向下推动肌肤往肩头方向走。重复10次再换另一侧进行按摩
step 4	双手握空心拳，用手指横侧面轻轻按压两腮下方的淋巴位置，刺激淋巴以促进血液循环。最后轻轻拍打颈部肌肤，促进按摩产品更好地吸收

调胃气塑美颈

中医学认为，颈部是胃经循行部位，也是气血阴阳交接的重要位置。因此，调理颈部肌肤问题，应从通调胃气入手。

中式火锅因其味道独特、营养丰富备受女士青睐，我们不妨借助“美肤健胃火锅” 改造我们的颈部肌肤。

秘制药膳

美肤健胃火锅

材料：猪脊骨300克，枸杞10克，党参20克，当归10克，红枣8颗，大葱白1根，牛肉片1包，蔬菜拼盘（生菜、娃娃菜、香菇、木耳等蔬菜）适量。

做法：1.锅中烧沸水，将猪骨放入沸水中氽烫，捞出洗净。

2.木耳泡发洗净，各种蔬菜洗净备用；将枸杞、党参、当归、红枣洗净，浸清水中。

3.锅中重新加入清水，烧开后放入猪骨和各种中药材。

4.汤汁沸腾后，转入中小火，炖1～2小时，加入盐、白胡椒等调味。

5.放入泡发好的木耳、香菇煮熟，牛肉片等来回氽烫，烫熟即可；再根据自己的喜好，一边炖煮一边加入时令蔬菜。

牛肉因其含有高蛋白质、低脂肪，味道鲜美，深受人们喜爱，因此享有“肉中骄子”的美称。中医认为，牛肉有补中益气、滋养脾胃、强健筋骨的功效。配合具有填精补髓、养阴熄风作用的猪脊骨，对颈部松弛伴有面黄、眼花、贫血、气短体虚、筋骨酸软的女士大有裨益。痛风患者忌服。

“仙草”灵芝

民间称灵芝为“仙草”，认为它具有长生不老、起死回生的功效。研究表明，灵芝所含的多糖、多肽有着明显的延缓衰老功效。灵芝多糖有显著的拟SOD活性，可清除自由基，防止脂质的过氧化，因此可有效抗衰老。

灵芝还能保持和调节肌肤水分，恢复肌肤弹性，使肌肤湿润、细腻，并可抑制肌肤中黑色素的形成和沉淀，清除色斑。将10克无柄赤芝（野生灵芝一种，保健功效较强）剪成黄豆粒大小，用水煎煮服用，每日1剂。也可加热蒸发浓缩，直接涂于颈纹黑色素沉着处，可达到明显的抗皱祛斑的效果。

Part 3

完美肌肤的UP修炼宝典

身体肌肤也是不能忽略的，
利用身边常见的果蔬来呵护肌肤，
并且通过快问快答解决大家都很困惑的保养疑问。
全球最好的美妆店购物攻略
以及高性价比的好用国货单品
在这里让你大饱眼福。

step 1

Best body skin

身体最容易出现的肌肤问题

★ “鸡皮肤”

每当看到朋友们白皙无瑕疵的肌肤时难免会有些失落及自卑，手臂、腿上长满密密麻麻的小疙瘩，摸上去手感也是糙糙的，严重的还会有成片泛红的现象，肌肤质感特别不好。“鸡皮肤”问题可大可小，然而对于一些女性朋友而言她们则会更多地关注自己的肌肤健康程度。

“鸡皮肤”学名毛囊角化症，又称毛周角化症，是一种无法根治的常染色体遗传性疾病。通常轻微症状者日常涂抹含有果酸或去角质功效的保湿乳液，较为严重的患者可以选择涂抹含有水杨酸、尿素、维生素A的乳霜或是膏类药品，对肌肤改善有一定的帮助。

第一步 去角质

毛周角化症与角质变厚有关，所以适当地去角质是必要的。去角质之前，先用40℃左右的热水泡澡，将角质充分软化。然后选择成分温和、颗粒比较细腻的磨砂膏轻轻揉搓，时间不宜过长，最后用温和的沐浴乳冲洗干净。注意切勿过度去角质，频率控制在半个月一次为宜，也可以使用更加温和的浴盐泡澡，一星期一次即可。

第二步 滋润肌肤

对“鸡皮肤”而言，既不能让它太干燥，又不能过分滋润。选择质地清爽、补水保湿、油分含量少的身体乳涂抹在“鸡皮肤”表面，配合适量的按摩，促进身体乳吸收。

第三步 局部治疗

针对“鸡皮肤”集中的区域，除了使用身体乳滋润外，还需要更有针对性的药物治疗。外用维A酸、水杨酸药膏、果酸乳液，都能够帮助缓解和改善“鸡皮肤”。不过，在涂抹了含有这类成分的产品后，日间出门一定要注意防晒，最好是用衣服将患处遮挡起来。治疗“鸡皮肤”是一件需要时间和耐心的事情，也要提醒大家，虽然“鸡皮肤”很让人崩溃，可是千万不要用手去抓和抠，否则会刺激毛囊，造成发炎和色素沉淀的严重后果。

产品推荐：

悦木之源西柚磨砂沐浴啫喱

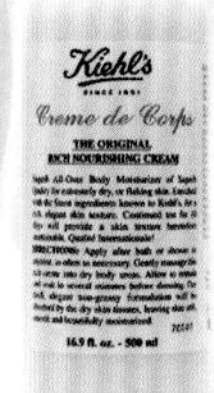

科颜氏全身保湿护肤乳

中医说

秘制药膳

猪皮蹄筋养肤汤

材料：猪皮100克，牛蹄筋15克，大枣15颗，盐、味精、白胡椒粉各适量。

做法：将猪皮去毛、洗净、切块，大枣去核，牛蹄筋用清水泡软，切段，加清水适量，文火炖至皮、筋烂熟后加盐、味精、白胡椒粉调味服食。每周1剂。

功效：猪皮滋阴润燥，牛蹄筋益气生血，大枣健脾益胃。三者合用可以养血消风、润肤止痒，对毛周角化伴有色素沉着、皮肤瘙痒、荨麻疹、贫血的女士非常适合。

中医说

★关节黯沉

夏季，大家第一时间想起的是比基尼、海滩、啤酒，在如此浪漫的季节中我们怎么能够浪费如此好的天气宅在家里。可是手肘、膝盖处的颜色和身体肌肤色差太大，黑黑的不好看。很多时候并不是因为我们的资本不够，而是一些不起眼的小问题总会引起大麻烦，例如：色素沉淀。

长时间暴露在空气中的手背关节、手肘、膝盖等部位都会有不同程度的肌肤氧化情况出现，随之还会出现干燥、细纹、色素沉淀等肌肤问题。晚间沐浴时可以通过多种不同的方法减轻关节黯沉的现象。

第一步 自制牛奶浴

牛奶浴能够光滑、细致肌肤，还有美白的作用。泡牛奶浴的水温在50℃～60℃最佳，如果水太热会破坏牛奶中的营养成分。先驻入热水，再倒入牛奶，牛奶与水的比例在3:1或4:1，倒入牛奶后要用手将牛奶与水搅拌均匀。泡牛奶浴的时间不要超过半个小时，在浴缸里用双手按摩肌肤，使牛奶更好地吸收。

第二步 关节去角质

关节部位因为长期的运动和摩擦，角质更加容易堆积，造成黯沉、粗糙。要定期给关节去角质，选择一款成分天然的身体磨砂膏，使用之前记得先用热毛巾敷一敷关节处的肌肤，软化角质。去角质时只在关节部位做重点揉搓，其余与关节相连的肌肤稍稍带过即可，然后使用沐浴乳冲洗干净。

第三步 美白防晒

去完角质后，可以选择一款含有美白成分，并且能够滋润肌肤的身体乳，仔细涂抹直到完全吸收。夏天里女生经常会穿短袖与裙子，手肘关节、膝关节、脚踝总是露在外面，别忘了在这些部位多多涂一点防晒霜，防止紫外线造成的黑色素加深。

产品推荐：
施丹兰玫瑰桑拿蜜

秘制药膳

中医说

海带猪蹄汤

材料：湿海带200克，猪前蹄500克，盐、味精、葱、姜、胡椒粉各少许。

做法：1.将海带提前泡好洗净；新鲜的猪蹄去毛，洗净斩块备用。

2.砂锅内放入凉水；把猪蹄放入砂锅内；加姜片、花椒四五粒大火煮开，用勺子撇去浮沫，盖上盖转小火炖一小时。

3.等猪蹄熟烂、汤汁奶白就可以放入海带，再炖20分钟。最后加盐、味精、胡椒粉调味即可。每周1剂。

功效：科学研究表示，一日三餐需要的胶原蛋白摄取量为5克左右，如果少于这个量关节肌肤就容易黯沉、起皱纹。而胶原蛋白摄取足量后，肌肤的弹性自然变好，肤色也会随之变好，关节肌肤也能变得白净起来。猪蹄中含有大量的胶原蛋白，是肌肤恢复活力的大功臣。另外，海带中含有的锌元素可以参与肌肤的正常代谢，使上皮细胞正常分化，促进真皮层血液循环，还能削减角质的积累。

★腰部松弛

很多女生身体肌肤紧实、细腻，也没什么赘肉，可是腰部的肌肤看着和上了年纪的阿姨一样干瘪、松弛，没有弹性。

★按摩是对抗松弛的好办法

造成腰部松弛的原因有很多，比如不注意饮食，经常吃一些不好消化的垃圾食物，缺乏运动，特别是如今的OL们普遍存在的问题——久坐，都会造成腰部代谢不畅、脂肪囤积。除了调理饮食结构，多吃绿色蔬菜、粗粮等纤维含量高的食物，还可以通过针对性的按摩动作，配合能够分解脂肪的产品，达到紧致肌肤的目的。

产品推荐：

格兰玛弗兰精灵玛戈美腹霜

推荐理由：

植物活能美体，健康安全。内含咖啡因，能有效打散及燃烧顽固脂肪团，促进血液循环，加快新陈代谢；薄荷醇能够消除水肿，分解燃烧体内脂肪；天然成分卵凝脂，强化加速脂肪代谢，提高肌肤细胞的再生能力，让肌肤细腻光滑；还有苦橙果提取物，增强细胞活动力和肌肤弹性。搭载德国进口的按摩钢珠，更方便操作，力度均匀，加速产品吸收。

按摩步骤：

1. 将产品均匀涂抹在腹部，手握产品，使滚珠头紧贴肌肤。顺时针按摩15次。
2. 以肚脐为中心，在肚脐的上下左右做顺时针按摩15次。
3. 将滚珠头放置在胯部，由下向上按摩20次。左右交替3次。
4. 将滚珠头放置在腰后侧，由下向上按摩20次。左右交替3次。

★别懒惰，动起来

要通过坚持不懈的运动来燃烧腰腹部脂肪，紧实腰部线条。教给大家两个非常简单的瘦腰动作，只要坚持练习，就能真正拥有小蛮腰哦！

平板支撑

平板支撑是近期最流行的塑腹运动，能够集中锻炼腹部的核心肌群，使肌肉紧实。基本的动作要领是：肘部与足尖撑地，身体离开地面，保持头部、肩部、胯部和踝部在同一平面上。但是不要将力量放在手肘和足尖，而是要运用腹肌的持续收缩发力支撑身体。保持1分钟，休息20秒后重复此动作，一次练习5组即可。

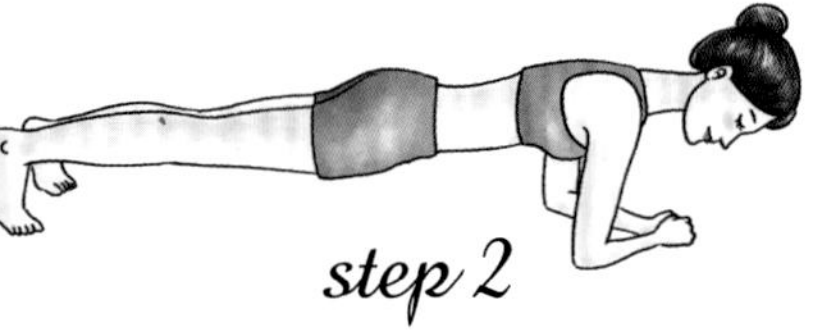

卷腹运动

卷腹运动不仅能使腰腹部的肌肉紧实，还是练腹肌的必备运动哦。平躺于地上，双膝弯曲，双手交叉于胸前，腰部固定并发力使上半身离开地面，同时下颚微收，在身体离地10～20厘米后，用力收紧腹部肌肉使上半身在半空中稍作停顿，然后慢慢使身体躺回原位。10个动作为一组，每组之间可以休息20秒钟，一次练习完成两组。

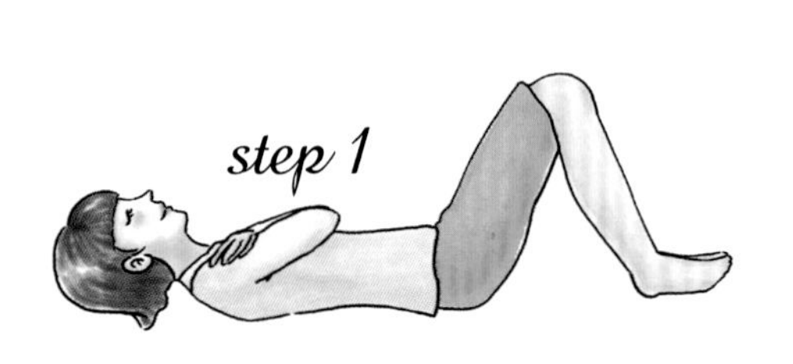

秘制药膳

芝麻菠菜

材料：菠菜200克，盐、酱油、白芝麻各10克。

做法：1.将菠菜整株洗净后，烧开一锅水，加入2小匙盐，将菠菜放入汆烫，等颜色变绿后立即捞起，过冷水至凉备用。

2.将菠菜的水沥干，切成约5厘米长的段后，摆入盘中备用。

3.将酱油与少量冷开水拌匀，淋在菠菜上，再撒上白芝麻即可食用。

功效：菠菜富含钾、维生素A等瘦腰必需元素，对消除腰部水肿非常有效。同时芝麻也是瘦身圣品，芝麻含有的维生素E居植物性食品之首。维生素E能促进细胞分裂，推迟细胞衰老，常食可抵消或中和细胞内有毒物质“自由基”的积累，起到减肥和抗衰老的作用。这道菜中膳食纤维含量很高，可以帮助清理肠道，排出肠道内多余的脂肪，起到瘦腰功效。

★海盐瘦腰法

海盐具有发汗、加速体内废物和多余水分排出的作用。每次洗澡前，取50～80克粗盐加上少许热水拌成糊状，再把它涂在腰腹部。以肚脐为中心，顺时针、逆时针各按摩30～50圈，每天按摩一次。中医认为，海盐味咸入血，且有祛湿排痰的功效，局部使用可以通经络、消水肿，减少腰腹部赘肉堆积。女性经期及妊娠期禁用此法。

中医说

★四肢水肿

夏季是四季中秀身材的最佳时机。很多女生都会对自己的体形充满疑惑，时而瘦时而胖，明明饮食、生活习惯都没有变化，可偏偏体形变化会很大。从科学角度来说，肥胖不单是饮食引起的，更多时候是因为体内排水系统不畅引起的。通常这种体质的女性朋友会发生四肢水肿的现象。

四肢容易水肿的人，通常是因为淋巴回流受阻造成淋巴积液，导致四肢肿胀，推荐使用排水肿的保养品结合按摩的方式，帮助淋巴回流。

Tips

在使用这类排水肿的护理产品时，可以借助刮痧板来操作。主要对位于小腿后侧的膀胱经以及大腿侧边的胆经这两个部位进行刮痧就能起到消脂去水肿的作用。涂抹完乳液后，找到需要刮痧的位置，由上往下力道均匀地开始刮痧，刮痧板要垂直于肌肤表面，每次重复3~5分钟即可。注意在刮痧之前涂抹的护理产品要比平时多一点，防止刮痧板在肌肤表面过度摩擦使肌肤受损。由于刮痧时毛孔张开，人体新陈代谢加快，因此刮完痧后最好要饮用500毫升的常温水。针对四肢水肿的刮痧每周进行两次左右即可。

《黄帝内经》记载，“诸湿肿满皆属于脾”，同时中医也认为四肢为脾统摄。因此，四肢水肿是脾虚水湿停滞的表现，应该用健脾渗湿消肿的方法调理。

秘制药膳

黄豆薏苡仁粥

材料：黄豆20克，炒薏苡仁30克。

做法：1.将黄豆及薏苡仁洗净，然后用水浸泡隔夜。

2.将浸泡的水倒掉，再把黄豆和薏苡仁放入新的水，用大火烧开。

3.烧开后就用小火煮至熟透即可。

功效：薏苡仁是很多医生爱用的一味中药，它最大的作用就是除湿。《本草新编》则盛赞薏苡仁：最善利水，不至损耗真阴之气，凡湿盛在下身者，最适用之。可见薏苡仁是消除水肿的利器。因为有了薏苡仁祛除湿邪，才能使补益脾胃的药更好地发挥作用。就像在建桥梁的时候，要先把下面的水抽干，然后筑上的土才能牢固，否则就是“虚不受补”，其实是补的不对。同时，薏苡仁还有“味甘能入脾补脾”的功能，能够“利肠胃”，既能除湿又能健脾，可谓一举两得。现代药理学的研究也证实，薏苡仁富含的薏苡仁酯、肉豆蔻酸、芸苔甾醇、棕榈酸、8-十八烯酸、豆甾醇等成分可以利尿、美白。同时黄豆味甘性平，是健脾益气的佳品，能使体内多余水分和毒素尽快排出。

中医说

★足部角质

大部分女生爱穿高跟鞋的真正原因是高跟鞋能令她们的体形变得更加出众、高挑，但是长时间穿跟鞋会引起很多的足部问题，例如：足部干燥、死皮堆积、起泡等。正因为如此，很多女生会咨询足部肌肤保养的小秘诀。

第一步 足浴——软化角质

用热水泡脚，帮助软化角质，还能缓解足部肌肤的压力与疼痛感。人的足部有60多个穴位，通过足浴能够刺激到这些穴位，增强血液循环与新陈代谢，改善疲劳，增强心脑血管机能，具有很好的保健作用。

使用方法：足浴时的水温要适中，不可用过热的热水，以防灼伤肌肤，最佳温度在40℃左右。足浴时可以给予足部适当的按摩，缓解足部肌肉压力，也可以使用自带按摩功能的足浴盆。足浴的时间不要超过40分钟，并且要控制水温，及时加入热水。

第二步 去死皮——去角质

当足部角质得到充分的软化后，就可以开始去角质了。选择一款足部专用的去角质产品，搭配专门祛除角质死皮的足部护理工具，仔细清洁足部所有的角落。

使用方法：涂好去角质产品，用手按摩揉搓，在角质较厚的足底、脚踝、脚趾等区域可以着重揉搓一会儿，然后用水冲洗干净。再借助锉刀将厚厚的茧子慢慢剔除，不过要非常小心仔细，以免意外受伤。

第三步 足膜——深层滋养

足膜相比较去死皮更为柔和，肌肤不易受损。与此同时，它还可以有效祛除足部死皮、厚茧、脚气、鸡眼等。

使用方法：每周一次。

第四步 护足霜——滋润、补水

睡前涂抹护足霜可以更好地滋润足部肌肤。

使用方法：每天睡前涂抹。

Tips

可以准备一双氨纶材质的袜子，每天晚上洗完脚后涂抹上厚厚的护足霜（也可用身体乳代替），然后穿上袜子睡觉，使护足霜能够更加充分地滋养足部肌肤，这种方法所起到的效果完全可以媲美任何一款滋润型的足膜。

产品推荐：
玫莉蔻嫩白足膜

欧舒丹乳木果润足霜

中医说

见过不少爱美女士，衣着光鲜，容颜姣好，但仔细打量却发现足部角质化严重，甚至开裂出血，与面部肌肤形成了鲜明对比。也有的女士身材丰满，让足部承受了很大压力，气血循环变差、角质自然老化严重。还有的女士只顾着面部、上肢防晒，却忽视了足部防晒，令足部皮肤黑白分明、角质堆积。大家不妨试试用艾叶泡脚，不仅可以祛除角质死皮，还能温经散寒、暖宫祛湿，对月经不调、痛经都有帮助。

艾叶

取艾叶10克加一大锅水，一起煮30分钟。将煮好的艾叶水倒入浴盆中，兑入适量的凉水，然后泡澡或洗脚，每次大约20分钟。艾叶能止肢体痛、去痹、利筋脉，对防治关节炎，寒湿侵袭所致的周身酸楚、肌肉疼痛麻木等都有较好的治疗效果。艾叶所产生的奇特芳香，可帮助人们增强正气。研究表明，艾叶富含桉油素、蒿醇、芳樟醇等活性成分，可以促进肌肤新陈代谢及血液循环，使老化角质软化并最终剥离。

中医说

产品推荐：

正安真艾足浴饼

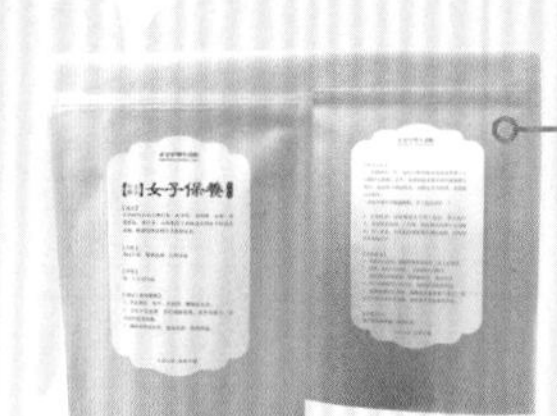

正安女子保养足浴粉

把自己泡进汤里

★精油汤

玫瑰精油：

精油泡澡可以帮助人们缓解疲劳、放松心情。除此之外，不同精油成分还能帮助肌肤保持年轻，玫瑰有滋润、柔化、美白和促进全身新陈代谢的作用。

薰衣草精油：

肌肤容易出油、长痘痘、毛孔粗大的朋友们特别推荐薰衣草精油泡澡。薰衣草有净化、消炎、收缩毛孔、祛痘、缓解疲劳等神奇功效。长期使用对缓解压力、神经疲劳、肌肉使用过度等有很好的治疗功效。

方法：

用精油泡澡时，要先注满水后再加入精油，大多数的芳香精油，3～5滴的量就已经足够了。滴入精油后，用手轻轻地不断搅动，看到精油在水的表面形成一小片一小片的薄膜后就可以入浴了。精油汤还有一个好处，在泡澡时，由于热气会促使精油里的小分子扩散在空气中，被鼻腔吸入，从而获得身心的放松，消除焦虑。通过嗅觉调整情绪，这是芳香疗法中最重要的部分之一。

★花瓣汤

在古代，人们已经开始通过花瓣取材沐浴了，花瓣浴可以使身体保留更持久的天然香氛，更能起到护肤美颜的养肤功效。薰衣草、玫瑰、洋甘菊、芍药等，不同的花朵都有着各自的美容效果。天然植物成分经常能在各品牌的身体产品中看到，搭配相应的身体产品，养肤效果则会更显著。

花瓣浴是一件既能呵护肌肤又调养身心的事。一般比较适合用来做花瓣浴的花有玫瑰、薰衣草、芍药、茉莉，一定要撷取新鲜的花瓣，并用凉水将花瓣上残留的花粉清洗干净，以防发生花粉过敏的现象。先在浴缸里注入温水，倒入花瓣，用手搅拌，静待几分钟，使花瓣的精华与水充分融合后就可以入浴了。

★中医汤

润泽香浴液

使用方法：甘松20克、荆芥20克、白檀香20克、木香20克，将四味药打碎，制成基础药粉，用纱布包裹起来，然后加入2000毫升的水，煮沸后将药水倒入浴缸中，再加入适量热水，并将熬后的药包也扔进去，待水温至40～50℃即可泡浴。

适用范围：肌肤干燥、身疲乏力、肌肤污浊人群。

功效解析：药浴是中医常用的外治法之一，其历史源远流长，早在三千多年前的殷商时期，宫廷中就盛行用药物进行沐浴。它是在中医理论的指导下，选配适当的中草药。想来让大家印象深刻的药浴场景可能是当年李连杰所饰演的《功夫皇帝方世玉》中，小方世玉被浸在木桶中泡澡以增强体魄的桥段。其实这其中的选药还是很有讲究的。要根据治疗或保健的目的，辨病辨症，选配适当的

木香

白檀香

甘松

荆芥

中医说

中医说

中草药，利用经煮沸后产生的蒸汽熏蒸，或药物煎汤取液进行全身或局部洗浴，以达到防治疾病的目的。

现在环境变差，压力变大，原本水嫩嫩的肌肤也因缺乏滋养而皲裂起皮、干燥发痒，加上空气中的污浊之邪耗损人体津液，还会使人感觉身疲乏力、肌肤污浊不爽。这个时候不妨选用甘松、荆芥、白檀香、木香这些气味芳香、安神爽身、调理肌肤的药材给自己泡个热水澡。

甘松芳香行散，能理气止痛、开郁醒神，还可以收湿拔毒、洗涤肌肤毛孔、去除污秽。荆芥解表散风，它有一个很重要的作用就是能把人体的毛孔打开，将困于肌表的各种邪气外散出去。白檀香可以消炎去肿、调理肤质，常用可延缓衰老、滋润肌肤。木香能行气止痛、调中导滞，促进身体气血运行，防止邪气在身体内部停滞，引发疾病。气血通畅了，浑身也就觉得舒坦了。

白檀香、木香名字带“香”，自然气味芳香，甘松、荆芥也有着特殊的香气，用这四味药物一起来泡澡，不仅泡去了一天的疲累和烦恼，更能滋润肌肤、振奋气机、健身延年、美容护肤，想想也是陶醉了。

产品推荐：

正安清润舒肤药浴粉

Tips

泡浴时间以半小时为宜。药浴最好在睡前两小时进行，有行气活血的作用。泡浴之后一定要喝一杯温水。体质特别弱的人，建议喝一杯麦片、豆浆或牛奶，能起到补中益气的作用。出浴时及时用浴巾包裹身体，以免受凉。孕妇及经期不适宜药浴。

step 2
10种安全又有效的蔬果面膜DIY

如今的面膜市场可谓玲琅满目。国产的、进口的，牌子多到来不及尝试，产品安全度已成为人们最为担忧的护肤话题。如何能在花费少量成本的基础上使用到最为安全的护肤产品？DIY自制面膜无疑是当下能够被大多数人接受的。

香蕉蜂蜜保湿面膜

材料　香蕉半根，蜂蜜少许。

方法　将香蕉与蜂蜜放在容器内搅拌成糊状，均匀涂抹于面部。10～15分钟后温水洗净。建议每周涂抹一次。

功效　美白、祛斑、保湿、抗皱。

番茄亮颜面膜

材料　番茄1个，蜂蜜少许，面粉适量。

方法　将番茄切块后榨汁，然后加入蜂蜜和面粉调成糊状，以不往下流淌为准。将其均匀地涂抹于面部肌肤，待20分钟后洗净。

功效　美白、镇定、抗氧化。

芦荟舒缓面膜

材料　芦荟叶1根，蜂蜜少许，蛋清适量。

方法　将芦荟切成块状放入搅拌机捣碎，然后加入蜂蜜与蛋清搅拌。均匀涂抹于面部肌肤，15分钟后洗净。可每天使用。

功效　补水保湿、舒缓。

苹果泥蛋黄亮颜面膜

材料　苹果1/4个，蛋黄1个，面粉少许。

方法　将苹果制成泥状后加入蛋黄，搅拌均匀后加入面粉捣成糊状，涂抹于面部，静待10～15分钟后温水洗净。可每天使用。

功效　保湿、提亮肤色。

胡萝卜祛痘面膜

材料　胡萝卜500克，面粉5克。

方法　将胡萝卜捣碎之后与面粉混合搅拌成泥，涂抹在面部，停留10分钟洗净。每日一次。

功效　抗衰老、淡化皱纹、美白。

绿茶轻盈祛痘面膜

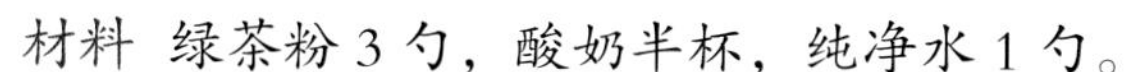

材料 绿茶粉 3 勺，酸奶半杯，纯净水 1 勺。

方法 在绿茶粉里倒入纯净水，搅拌成糊状，再倒入酸奶搅拌均匀，涂抹面部，也可以单独涂抹在油脂分泌较重的T字部位。

功效 祛痘、消炎、调理油脂。

草莓酸奶面膜

材料 草莓3颗，面粉、酸奶、蜂蜜各少许。

方法 将草莓榨汁之后加入蜂蜜、酸奶，拌匀之后与面粉搅拌成糊状，涂抹于面部，15分钟之后洗净，拍上柔肤水即可。

功效 祛痘印、去角质、提亮肤色。

鳄梨蜂蜜面膜

材料 鳄梨（牛油果）1/2个，蜂蜜少许，黄瓜1/2根。

方法 将鳄梨切片搅拌成糊状，黄瓜加水榨汁，将鳄梨糊与蜂蜜、黄瓜汁混合搅拌均匀。特别适合在干燥的秋冬季节使用。

功效 滋润、保湿、修复。

冬瓜籽富含油酸、亚油酸，除了具有润肤的功效，还有抑制黑色素形成的作用。李时珍称赞用其“洗面浴身”可“令人颜色悦泽，肤如凝脂”。

干冬瓜籽

秘制验方

冬瓜籽面膜

材料：干冬瓜籽300克。

做法：1.将冬瓜籽研为细粉，装瓶备用，每次取5克，加入酸奶20克调制均匀。清洁面部后敷于面部及手背处。10分钟后用清水洗净。每周2～3次。

2.取冬瓜籽粉5克、红糖10克，沸水冲泡，每天饮用。

以上两种均可以起到美白、祛斑、润肤的作用。

中医说

玫瑰花

据史料记载，唐代第一美女杨贵妃一直保持肌肤柔嫩光泽的最大秘诀就在于她沐浴用的新鲜玫瑰花蕾。清朝慈禧太后也曾使用以玫瑰花制作的胭脂和香皂，每日睡觉前必命宫女在她的脸上细心地搽上玫瑰花汁，使肌肤光泽润滑。玫瑰其花入药可柔肝醒胃、行气活血、美容养颜，提取的香精更是名贵的香料。长期使用玫瑰花可改善肌肤质地，减少皱纹，促进血液循环及新陈代谢。

中医说

秘制面膜

玫瑰美容醋

材料：新鲜的玫瑰花3～4朵或干燥玫瑰花蕾10克，米醋（不可以是白醋或是陈醋）250毫升，纯净水150毫升。

做法：把玫瑰花放在米醋中浸泡，静置一周，取其滤液，兑入纯净水即可。早晚将面部清洁干净后，用手指或化妆棉蘸取少量玫瑰醋拍于面部，或是将玫瑰醋倒入洗脸水中10毫升，用玫瑰醋水来洗脸；还可以放50毫升在浴缸里进行泡澡。

功效：米醋具有良好的渗透性，还有杀菌的作用，配合玫瑰花的养颜作用，可以祛除角质，使肌肤更加嫩白滋润。因为美容醋是弱酸性的，能维持皮脂膜（肌肤角质层的表面有一层由皮脂腺里分泌出来的皮脂、角质细胞产生的脂质及从汗腺里分泌出来的汗液加空气中的灰尘、细菌、病菌等融合而形成的一层膜。皮脂膜pH值应维持在4.5～6.5呈弱酸性的状态，以保持肌肤的健康。）的平衡，比较适合干燥老化、脂黄肌肤以及出油冒痘肌肤的护理，还可以缓解肌肤的紧绷状况，使肌肤光洁细腻。因为醋类具有挥发性，所以要放在容器里密封，并放在冰箱里保存。

step 3
10种美颜蔬果沙拉分享

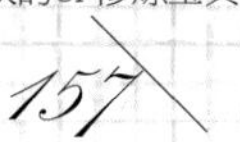

大家都知道蔬果中含有丰富的维生素A、B族维生素以及其他有助于美容养颜的成分，对于一些不爱吃蔬果的朋友们而言，蔬果沙拉是一种结合口感及味觉于一体的美容养颜食品，当然对于一些想要保持体形的朋友们而言也是一道健康的美味佳肴。

红色蔬果沙拉

材料 番茄2个，卷心菜叶10片，黄瓜1根，橄榄油、柠檬汁、盐各适量。

方法 1.将番茄、卷心菜、黄瓜切块切片放入玻璃碗中。
2.加入1大勺橄榄油、柠檬汁，盐少许，搅拌均匀。

功效

超强抗氧化作用，可以预防肌肤衰老及对抗紫外线

黄色蔬果沙拉

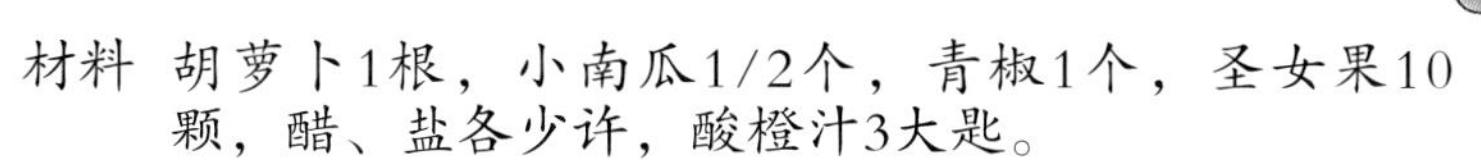

材料 胡萝卜1根，小南瓜1/2个，青椒1个，圣女果10颗，醋、盐各少许，酸橙汁3大匙。

方法 1.胡萝卜、南瓜切成块，放入容器内蒸熟。
2.圣女果对半切开，青椒切条。
3.将上述食材倒入玻璃碗中，加入食醋、盐、酸橙汁。

功效

长期食用可增强人体自身免疫力，并且帮助身体排毒

绿色蔬果沙拉

材料 生菜5片，黄瓜1根，羽衣甘蓝5片，豌豆半小碗，苹果1个，蛋黄酱适量。

方法 1.将黄瓜切片，苹果切块，生菜和羽衣甘蓝掰成大小易入口的块。
2.豌豆用开水焯熟。
3.将上述食材放入玻璃碗中，加入足量蛋黄酱，搅拌均匀。

功效

长期食用可预防消化道癌症，帮助消化

缤纷蔬果沙拉

材料 胡萝卜、黄瓜各1根，洋葱半个，圣女果、青绿提各10颗，苹果、橙子各1/2个，橄榄油半勺，油醋汁两勺。

方法 1.将胡萝卜、黄瓜、洋葱切丁，苹果切块，橙子剥好，圣女果和青提洗净。
2.以上材料全部放入玻璃碗中，加橄榄油和油醋汁，搅拌均匀

功效

经常食用可以帮助肝脏排毒

酸奶蔬果沙拉

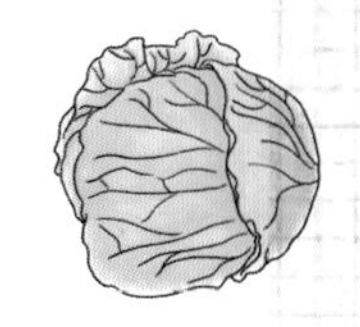

材料　火龙果、木瓜各1/2个，黄瓜1根，羽衣甘蓝5片，酸奶1杯。

方法　1.将火龙果、木瓜用勺子掏空果肉，羽衣甘蓝洗净铺在盘底，黄瓜切丁。
2.将酸奶倒入盘中，搅拌均匀即可。

功效

促进肠道蠕动，健脾消食，美白抗氧化

牛油果番茄沙拉

材料　牛油果1个，番茄1/2个，柠檬酱油、沙拉汁两勺，黑胡椒颗粒少许。

方法　1.牛油果切开取出内核，将果肉切成小块，番茄去皮切丁。
2.加入柠檬酱油、沙拉汁和少许黑胡椒颗粒，搅拌均匀即可。

功效

牛油果含多种维生素、丰富的脂肪酸和蛋白质，是营养价值超高的水果，配合番茄能够起到抗氧化、抗衰老的功效

玉米黄瓜酸奶沙拉

材料　玉米粒、酸奶各1/2碗，黄瓜1根，沙拉酱1勺。

方法　1.黄瓜切丁，与玉米粒一起放入碗中。
2.加入沙拉酱、酸奶，搅拌均匀即可。

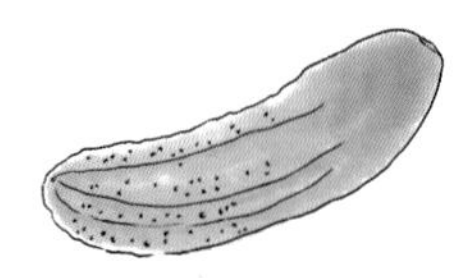

柠檬蔬菜沙拉

材料　圣女果10颗，黄瓜1根，柠檬1/2个，苦菊1小把，杏仁10颗，油醋汁1勺。

方法　1.黄瓜、柠檬切片，苦菊洗净，放入碗中。
2.浇上油醋汁搅拌均匀，最后撒上杏仁即可。

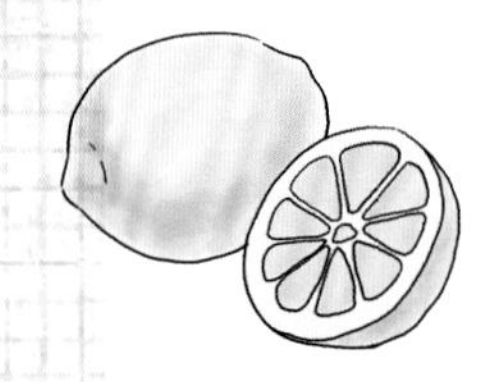

火龙果芦笋沙拉

材料　火龙果1个，芦笋5根，葡萄10颗，酸奶1杯。

方法　1.火龙果削掉外皮，挖出果肉切片，葡萄洗干净。
2.芦笋切段，焯水1分钟，捞起后过凉水。
3.所有材料装碗，倒入酸奶，搅拌均匀即可。

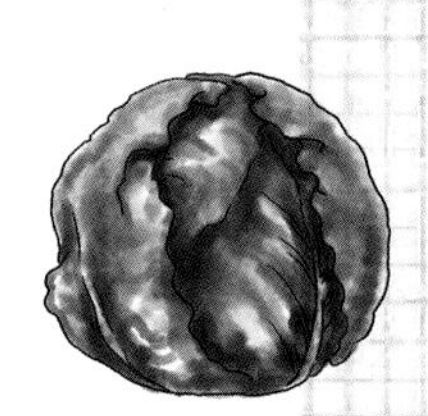

紫甘蓝苹果沙拉

材料　紫甘蓝、苹果各1/2个，黄瓜1/2根，什锦玉米粒1小碗，沙拉酱1勺。

方法　1.苹果去皮，与黄瓜一起切片。
2.紫甘蓝焯水半分钟，沥干后切成细丝，将所有材料倒入碗中。
3.调入沙拉酱，还可以滴几滴柠檬汁，搅拌均匀即可。

step 4
铭泽老师护肤快问快答

脸上长了脂肪粒怎么办?

脸上长脂肪粒，可能是因为所使用的保养品中营养成分过高，或者含有高密闭性的成分，堵住了毛孔的皮脂腺分泌口，在局部长出一颗颗白色的小囊肿。其中眼部肌肤因为比较薄，更容易因为营养过剩而长出脂肪粒。一定要选择适合你肤质和需求的保养品，混合性和油性肌肤避免选择质地丰润的产品，同时要保持固定的深层清洁去角质频率，使油脂分泌物顺利排出，不堵塞毛囊。干性肌肤的人也有可能长油脂粒，可能是因为你的保养品中的某个成分不适合你，或者自身肌肤新陈代谢有问题，可以通过面部按摩的方法来促进肌肤代谢。多喝水，多运动排汗，让肌肤通畅呼吸。洁面时，如果太过用力揉搓，也会在肌肤角质层上留下看不见的小划痕，这些小划痕在愈合的时候就会包裹污垢还有油脂，变成讨厌的脂肪粒，所以轻柔洁面也很重要。

Q2 问题 Question

含有防晒值的隔离霜能够替代防晒霜使用吗?

很多人都认为，既然现在有很多防晒指数很高的隔离霜，那就不需要再层层叠叠涂防晒霜了。给肌肤减轻负担的方法是没错，不过有一个细节可能大部分人都没有注意到，那就是防晒产品的使用量。现在市面上大部分的隔离霜其实类似于妆前乳，其含有修饰粉末粒子是能够修正肤色的，所以在使用时，为了不造成“大白脸”，大家对它的使用量根本就达不到标准的防晒霜的使用量。要知道，防晒产品在上市前都会受到统一的检测，检样品的用量一般规定为2毫克/厘米^2。这表示我们在实际使用时，也要达到这个标准才能获得它所宣称的防护效果。所以，除非你真的能够做到将隔离霜抹够量，否则还是选择专门的防晒产品吧。

Q3 问题 Question 暴晒过之后应该如何修复肌肤呢？

经过长时间的户外活动暴晒，回到家所做的第一件事不是先急着修复肌肤，而是应该让肌肤表面的温度降下来。可以先坐下来喝一杯温水，吹吹风，使用舒缓喷雾，等感觉到肌肤不那么燥热了之后，再开始做晒后修复的护理。被暴晒过后，肌肤的水分被大量蒸发，应该及时补水，用温水清洁肌肤后，选择补水的面膜或者冻膜（最好事先冰镇一下），最好在敷面膜之前涂抹一点促进吸收的打底精华，帮助肌肤更好地汲取水分。然后再使用含有深度修复功效的面膜，安抚肌肤被晒后的炎性因子，有效阻绝黑色素的进一步生成。

Q4 问题 Question 使用完面膜之后到底需不需要洗脸呢？

关于这一点，基本上建议遵循你所使用的面膜产品使用说明来决定到底要不要清洗。不过，如果你之后还要继续涂抹精华类的护肤产品，建议还是稍作清洗，或者用湿纸巾轻轻印去表面的面膜精华，因为面膜精华的分子如果比你后续使用的产品分子大，就会造成吸收不进去的局面。另外，对于油性肌肤而言，太多的面膜精华也有可能会加重肌肤的负担，可以用化妆棉蘸湿化妆水，轻轻擦拭多余的精华，然后再做后续的护肤程序。如果你不想再涂抹其他产品了，也可以充分按摩到面膜精华吸收后就直接睡觉。

问题 Question 05 背部肌肤老是长痘痘，都不敢穿露背装

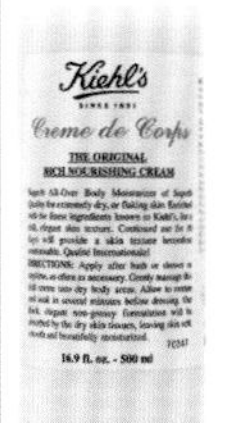

背部肌肤也分布着很多的皮脂腺。如果背部肌肤老长痘痘，首先要想想你的清洁工作有没有做到位。有的人在洗澡的时候对于背部肌肤总是稍稍冲洗一下就了事，久而久之就会使背部肌肤的角质和脏污堆积，造成痘痘爆发。尤其是在出汗多的夏天，更是要保持背部肌肤的干净、爽洁。可以定期使用专门的身体磨砂乳给背部肌肤去角质，不过要注意不要大力揉搓，对待痘痘一定要温柔哦。含水杨酸成分的身体乳也能够帮助疏通毛孔，有效抑制痘痘细菌。另外，背部肌肤如果晒伤，就会造成角质变硬，皮脂及汗垢更容易阻塞在毛孔里，所以如果你今天穿了露背装，一定要记得给背部肌肤防晒，并确保每一寸肌肤都得到防护。

问题 Question 06 肌肤看上去总是黄黄的……

肤色暗黄，首先要从内部开始调理，要养成良好的作息习惯与健康的饮食习惯。肤色发黄可能是因为肝、脾功能失调，造成气血不通，可以通过食疗来改善。在肌肤的护理上，可以使用美白精华来帮助调亮肤色，也可以选择一些具有排浊、净化功效的产品来帮助肌肤褪黄。还有的人早上起来觉得肤色还不错，到了下午就觉得肌肤明显发黄了，这是因为面部出油，而油脂被氧化产生的暗黄现象，包括有很多人觉得自己的底妆总是容易黯沉，都是属于这种情况。针对这种现象，可以在早上的护肤步骤里加入抗氧化的精华，减轻肌肤被氧化发黄的症状。

07 问题 Question 保养品应该经常更换，因为肌肤会对其产生适应性

经常听到有人说，用一套或某样保养品，一开始效果非常明显，慢慢地就看不到什么变化了，这是因为肌肤已经对它产生了适应性，应该更换其他产品了。肌肤真的会产生这种适应性吗？其实，从有效到无效这个过程，是因为你的肌肤已经被调理到了一定的程度，它只能够提供维稳的效果了。毕竟护肤品能够给你的肌肤带来的改善是有限的，如果你觉得肌肤还是有某种问题，那就针对这个问题再去寻求别的保养品好了，盲目更换保养品并不是明智之举，无形之中增加了敏感的风险。唯一需要经常更换保养品的理由，除了你自己想要尝新的心态外，还有就是你的肌肤状况可能不断在变化，根据不同的季节与环境，需要更换不同功效的保养品。

08 问题 Question 发尾非常干燥，可是头皮却很油怎么办？

这其实是很多人遇到的情况，发尾常常干燥、枯黄、打结，而头皮却出油很快，一天不洗头就油腻到不行了。头皮油跟现代人的生活习惯与环境有关，都市快节奏带来的精神压力、繁忙的工作导致的不正常作息，还有严重的城市污染，都会使头皮油脂分泌异常。这种情况要把头皮和发尾分开来护理，从洗发产品的选择开始，头皮要使用能够深层清洁、控油的产品，而发尾要使用深度修复、滋润的产品，而护发素、发膜等只需要涂抹在发尾即可。可以选择头皮专用的调理产品，配合头部按摩，调理头皮油脂分泌，舒缓紧绷的头皮。发尾部分记得在吹干头发之前先涂抹护理油，油类产品有更好的渗透性，能够深入发芯。另外，还要记得给头发防晒，尤其是干燥的发尾，如果受到紫外线照射，损伤情况会更加严重，使用防晒喷雾能够很好地解决头发防晒的问题。

09 问题 Question 植物成分的保养品更加适合敏感肌肤?

很多人认为如果保养品中标榜“绿色”“植物成分”，就会更加温和，也更加适合敏感肌。其实这是一种误区，虽然化学添加有很多容易致敏的成分，但是植物成分也不是全部都无刺激的。每个人的过敏源都不一样，也许你对某种化学防腐剂过敏，而有的人则会对一些植物成分过敏，因此靠是否含有植物成分来判断一款产品会不会引起刺激是没有根据的。并且，有的不良商家正是利用了消费者的这种心理，只在成分表的末尾添加一两个植物萃取，就声称自己是“天然配方”“适合敏感肌肤使用”，千万不要被这种说法所迷惑。

10 问题 Question 含有酒精的护肤品到底能不能用?

首先你需要知道，酒精到底会对肌肤造成什么样的危害。酒精是一种挥发性的成分，很多产品添加酒精的原因是为了能够快速被“吸收”，当然这种吸收并不是真的都被吸收了，很大一部分其实是被挥发掉的。在这个挥发的过程中会带走肌肤自身的水分，不仅如此，还会破坏肌肤自身的皮脂膜——皮脂膜担负着保护肌肤少受外界刺激、防止水分流失的作用。不过，以上危害都是建立在长期使用的前提之下，而且对于油性肌肤的人而言，适量的酒精能够帮助清除毛孔里过多的油脂与污垢，并且抑制油脂分泌，从而起到收敛毛孔的作用。因此，不能因为护肤品里含有酒精就将其一棒子打死，还要根据自己的肤质与需求来决定。

step 5
全球美妆好用店大搜罗

日本药妆店购物攻略

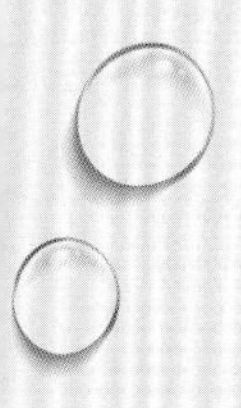

去日本，必须要逛的就是药妆店了。日本的药妆店实在是太多了，遍布大街小巷，很多中国游客去日本购物都是奔着药妆店去的。在这里，你能找到几乎所有爆卖的护肤美妆产品、各种方便至极的家庭常备药，还有许多设计巧妙贴心的生活用品，以及吃货们最爱的各色零食，被誉为一站式扫货天堂。下面就跟大家介绍一下日本最有名的三大药妆店。

★松本清

松本清是日本最大的连锁药妆店之一，遍布全日本。它家商品品种齐全，像资生堂、佳丽宝、高丝这三大集团旗下的大部分产品你都能在这找到。摆在店门口最外面的货架上全是当季最热卖的产品，很多都是COSME（日本最具权威的美容化妆品排行榜）榜单上的常客，拿不准买什么好就专心在这些货架挑就好了。对于中国来的游客，还有特别的优惠促销，并且能够使用银联卡支付，逼人买买买不停手的节奏。

官网地址：http://www.matsukiyo.co.jp/

中国官网：http://www.matsumotokiyoshi.cn/

★SUNDRUG

这家药妆店永远都是跟松本清并驾齐驱的，在有松本清的地方你往附近一看，肯定也能看到SUNDRUG。两家店的风格都差不多，不过SUNDRUG很多的产品会比松本清便宜一些，当然啦，也是需要对比的。所以到了日本逛药妆店，不妨多逛几家比比价格再下手，勤俭持家是咱们要遵循的好习惯，他家也是能使用银联卡的哦。

官网地址：http://www.sundrug.co.jp/

★杉药局

据说杉药局是日本门店数量仅次于松本清的药妆店。相比起松本清总是在市井繁华大街上出现，杉药局喜欢在一些远离市区的住宅小区开设门店，因此店面的面积相对而言更大一些，也大大方便了小区居民。商品种类依旧是应有尽有，最后，依旧是能使用银联卡的节奏。

官网地址：http://www.sugi-net.jp/

韩国美妆购买攻略

韩国美妆品在中国越来越盛行，去韩国买韩妆也成了许多人赴韩旅游的主要原因。去韩国买美妆品，只需要去明洞一个地方就够了，所有的韩妆都应有尽有，著名的明洞Cosme Road，顾名思义就是专卖各种化妆品的街，在这条长约300米的街道两旁遍布着悦诗风吟(innisfree)、伊蒂之屋(ETUDEHOUSE)、菲诗小铺(The Face Shop)、思亲肤（SKIN FOOD）、自然乐园(NATURE REPUBLIC)、TONYMOLY、Holika Holika、VDL等备受年轻人欢迎的韩国品牌。大部分店里都配有精通中文的导购，并且所有的产品也会标有中文名称，来这扫货基本上毫无语言沟通上的压力。除了价格非常亲民，经常有促销活动外，这里的店员送起小样来也非常大方，常常都是送的比买的还多，购物完以后马上就可以开退税单，街上也随处可以见到钱币兑换处，你唯一需要担心的就是不知不觉买太多要付行李超重费！

另外，位于首尔市中心的乐天免税店总店也是购买化妆品不得不去的地方。跟机场的免税店相比，这里的品牌与库存更加丰富，而比起明洞，这里更多的是一些国际大品牌，常年都会有打折促销活动，并且刷银联卡都会有9折或9.5折的优惠。结完账后，能够直接去办理退税，这一点也非常方便。

位于著名学府梨花女子大学附近的梨大时尚街也有很多备受年轻女生欢迎的韩妆品牌，比起明洞，这里的好处就是游客比较少，店员能够详细地为你推荐产品，还能够帮你全脸试妆。另外，像一些非常有特色的韩妆品牌，如too cool for school、belif等在这里都能够找到。

step 6

性价比超高的国货护肤单品

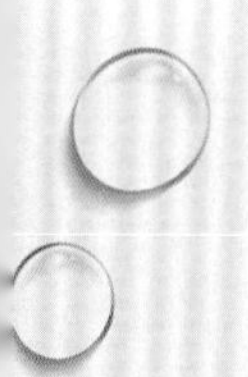

随着国货产品的普遍化，中国踊跃出一批又一批的优质国货品牌，相对进口品牌而言没有关税，不仅价格便宜而且产品质量相对也更有保证。

★珀莱雅早晚霜

早安：晨醒霜能够提供有效防护并持续水分供给，蕴含夏威夷深海水、大叶海藻精华，保护肌肤免受环境污染，激发晨间肌肤活力。

晚安：夜晚，肌肤进入休整、修护、营养补充的黄金阶段。夜养霜，蕴含北极海冰山水，能够舒缓肌肤，还有软毛松藻和海洋胞外多糖，修护日间损伤，分时释润科技配合夜间肌肤养分需求，彻夜滋润护养肌肤。

白天，肌肤承受着工作压力和复杂环境侵袭，水分持续流失。

★谢馥春国妆鸭蛋粉

用古法“冰麝定香”的工艺精制而成，所含龙涎香具有行气活血的作用，使面部红润；冰片、桂花精油能够消炎；天然珍珠粉使肌肤柔软、洁白；还有角鲨烷滋润肌肤。既能当底妆使用，又有护肤的功效。

采取天然原料，经鲜花熏染。

★美素日夜珍宠肌活再生能量水（人参水）

核心成分“人参肌源再生精粹”，能够促进肌肤再生，能帮助抵抗自由基，提升修护力。蕴含氨基酸和微量元素，易被人体吸收，给肌肤提供充足营养。还有不饱和脂肪酸，能够滋润营养肌肤，保持肌肤的湿润度。

日夜灌注，肌肤焕现匀净、水润、细滑、饱满、透亮、光彩。

★雙妹玉溶液

精选意大利珍稀野生松露，有卓越的抗氧化功效，改善细纹，紧致肌肤；火花萃取玉兰精华，能够改善干燥，滋养肌肤，促进细胞修复。胜肽、深海透明质酸的加入，使肌肤水感剔透，盈润如玉。

内含多种养颜密集保养成分。

★羽西灵芝生机焕活调理液2号

运用领先微波科技提炼精纯灵芝孢子多糖，显著提升细胞能量，加速肌肤焕新。辅以有“生命之根”美誉的人参，深入滋养，帮助抵御肌肤衰老；深入滋养并即刻舒缓倦容，令肌肤焕活新生，愈发细润幼滑，细纹隐退，紧致有弹性。

传统中国药性植物与先锋美容科技的完美结合。

★佰草集清肌养颜太极泥

第一步——清；黑泥蕴含的赤芍能帮助促进肌肤活力和代谢机能，增强肌肤的抵抗能力，同时复配各中草药相互作用，能有效清洁肌肤表面和毛孔内部，如污垢、黑头、彩妆，以及过度老化的肌肤角质等，使肌肤达到一个清的境界；第二步——补：白泥蕴含的白芍能发挥其滋润的主要作用，配合其他本草精华，给肌肤提供所需营养，同时在肌肤表面给予养护，从根本上令肌肤焕发光彩，恢复平衡状态。

以“太极古方”四枝汤为基础，含柳枝、槐枝、桃枝、桑枝四味中药，组成先清肌去污的黑泥和后补肤营养的白泥。

★自然堂雪润深澈皙白精华液

喜马拉雅冰川水，富含多种微量矿物元素，小分子团更易吸收，提供源源不断水润呵护。玛瑙石榴珍萃，能够均匀肤色、褪黑、祛黄、保湿，令肌肤透亮润泽。另外，采用了智透晶白科技，这是纳米级的磷脂包裹技术，能将有效成分定向传输至肌肤肌底层及细胞内部，锁定黑色素、清除自由基、褪黑、去黄。

蕴含两种珍贵成分。